TOXIC CROQUETTES

Dr JUTTA ZIEGLER

Traduction : Lise Deschamps

Conception graphique et réalisation :
Catherine Julia (Montfrin)
Photos : ©Shutterstock
Imprimé par France Quercy
à Mercuès (France) - N° 40609

Dépôt légal : 2e trimestre 2014
ISBN : 978-2-36549-084-9

Publié pour la première fois en 2011
par Münchner Verlagsgruppe GmbH, Munich, Allemagne
www.redline-wirtschaft.de

www.thierrysouccar.com

L'AUTEUR :

Jutta Ziegler est née en 1955 à Darmstadt et vit à Hallein près de Salzbourg, en Autriche. Après ses études de médecine vétérinaire à Vienne (1975–1981), elle a ouvert sa première clinique à Kuchl, au sud de Salzbourg. Depuis 1999, elle dirige un cabinet dédié aux animaux domestiques et une annexe proposant des produits naturels, dont elle a, pour la plupart, elle-même mis au point la composition. Elle est par ailleurs spécialisée en homéopathie et, depuis des années, se consacre activement aux thérapies alternatives, et plus particulièrement à la « nourriture crue biologiquement appropriée » (ou BARF pour Biologically Appropriate Raw Food), une alimentation respectueuse de la physiologie de l'animal. Elle transmet ses connaissances lors de consultations, de séminaires et de conférences. Elle a deux enfants.

SOMMAIRE

AVANT-PROPOS

POURQUOI AI-JE ÉCRIT CE LIVRE ? POURQUOI NE PAS LAISSER les choses telles qu'elles sont ? Les animaux qui nous sont confiés, à nous vétérinaires, nous permettent de bien gagner notre vie et leurs propriétaires ignorent le plus souvent dans quel engrenage leurs visites chez nous les entraînent, à l'image de hamsters dans leur roue. Nombreux sont même ceux qui remercient leur vétérinaire habituel pour les soins présumés dévoués dont a bénéficié leur chien ou leur chat.

Je ne veux en aucun cas incriminer les idéalistes parmi les vétérinaires. Ils existent bel et bien. Je mets en cause ceux de mes consœurs et confrères qui profitent sans scrupule de l'amour de leurs clients pour leurs animaux, jouent avec leurs peurs de la pire des façons pour justifier toutes les initiatives imaginables, fussent-elles inappropriées ou superflues. Il n'est pas question de dénoncer ici les erreurs médicales qui peuvent toujours se produire, les vétérinaires n'étant que des hommes. Je souhaite en revanche révéler les innombrables abus qui ont lieu chaque jour dans les cabinets, que ce soit par ignorance ou par duperie délibérée.

Comme en médecine humaine, la peur, le manque de connaissances et la mauvaise conscience du propriétaire de l'animal sont des leviers faciles à actionner : « Si vous ne faites pas ceci ou cela, il peut arriver ceci ou cela » ou « Pourquoi n'avez-vous pas fait ceci ou cela ? » Sur la base de ces arguments à la limite de la menace sont imposés des traitements, des vaccinations et des médicaments inutiles. C'est ainsi que beaucoup d'animaux domestiques se retrouvent systématiquement dans la catégorie des malades : le tableau clinique est élargi ou réinterprété jusqu'à transformer un chien ou un chat en bonne santé en animal malade ou nécessitant au moins un traitement. Et il ne vient pas à l'esprit du propriétaire effrayé, en proie au doute, de remettre en question ce que lui annonce « le demi-dieu en blanc ».

Les vétérinaires se répartissent fondamentalement en trois groupes.

Le premier groupe, cynique et corrompu, sait parfaitement comment plumer les propriétaires d'animaux de compagnie. Il est pleinement conscient de la moralité douteuse de son commerce. Poussé par des difficultés et des contraintes financières ou par pure cupidité, il agit indépendamment du bien des animaux qui lui sont confiés. Pour lui, fondamentalement, le profit tient lieu d'éthique.

Le deuxième groupe de vétérinaires se préoccupe peu d'éthique professionnelle et se contente de faire comme il a appris jadis ou comme les autres. Il copie, sans songer à le critiquer, ce qui a soi-disant fait ses preuves depuis longtemps et se laisse tout bonnement entraîner par la masse, à l'abri derrière ses œillères. C'est principalement ce deuxième groupe qui reprend sans hésitation ni remise en question les recommandations de l'industrie des aliments pour animaux et des groupes pharmaceutiques. Il n'a pas conscience de l'ambivalence de son commerce. D'un côté, les médecins vétérinaires de ce groupe agissent bien avec l'intention d'aider les animaux qui leur sont confiés. Mais de l'autre, ils ne s'interrogent pas une seconde sur les causes des maladies chroniques qui se multiplient. Ils fréquentent certes assidûment les séminaires de formation continue, ce qui est une bonne chose, mais sans être pour autant capables de prendre du recul, de faire preuve de bon sens.

Quel vétérinaire prend encore le risque de dire au maître que son chien, par exemple, se porte comme un charme et qu'il peut rentrer tranquillement chez lui ? Grande est la peur, en tenant de tels propos – et correspondent-ils d'ailleurs encore tant que cela à la réalité ? – de perdre le client et de le jeter dans les bras d'un confrère. C'est ainsi que des futilités sont montées en épingle et que l'on tourmente les patients à quatre pattes avec des examens et des traitements inutiles.

Dans le même temps, la prévention des maladies est complètement négligée. Elles sont simplement acceptées comme tombant du ciel, quelle que soit la fréquence à laquelle elles surviennent, et prises en charge de telle manière que des affections secondaires sont véritablement programmées d'avance. Des exemples de cas constituent le fil rouge de ce livre.

Le troisième groupe de vétérinaires est malheureusement encore très restreint, mais il a le mérite de grossir à vue d'œil. Tout comme en médecine humaine, le nombre de médecins vétérinaires qui refusent de se laisser acheter par l'industrie ne cesse de croître. Même chose pour ceux dont la priorité est, non pas de s'enrichir, mais de prendre le temps de déterminer ce qui est vraiment le mieux pour la santé des animaux qui leur sont confiés. Ces vétérinaires travaillent indépendamment de l'industrie des croquettes et des médicaments et n'ont de comptes à rendre qu'à leur conscience.

D'un point de vue économique, on pourrait penser que les représentants du premier groupe sont aussi ceux qui ont les plus hauts revenus. C'est certainement le cas dans l'ensemble, mais il existe aussi un nombre croissant de cabinets qui travaillent pour le bien des animaux, les considèrent dans leur globalité, conformément à l'éthique – tout en s'assurant un bénéfice correct. Il doit naturellement nous être permis, à nous vétérinaires comme aux praticiens de médecine humaine, de vivre de notre travail. C'est la raison pour laquelle, comme dans toute profession, il est juste que les professionnels sérieux et zélés gagnent davantage... mais certainement pas au préjudice de la santé des animaux à soigner ! Il est finalement positif que les propriétaires de chiens et de chats critiques et déjà informés grâce à Internet soient de plus en plus nombreux. Grâce à eux, les cabinets travaillant dans une optique globale se multiplieront en proportion.

Ce livre a pour objet de vous aider, chers lectrices et lecteurs, à remettre en question les régimes et médicaments prescrits, tout comme les méthodes de diagnostic et de traitement douteuses, et à identifier d'emblée à quel groupe appartient le vétérinaire auquel vous avez affaire.

Mais revenons à la question posée en introduction : pourquoi ai-je écrit ce livre ? Voilà plus de trente ans que j'exerce en libéral au sein d'un cabinet dédié aux animaux domestiques. Ces dernières années ont été pour moi le cadre d'une prise de conscience grandissante : nous, vétérinaires, entraînons les animaux qui nous sont confiés vers une chronicisation de leurs affections, influencés que nous sommes par de fausses informations. Celles-ci concernent notamment la manière dont sont nourris nos chiens et nos chats, la vaccination bien trop fréquente et l'utilisation outrancière d'antibiotiques et de médicaments chimiques de manière générale. Nous, vétérinaires, sommes en grande partie à l'origine de l'augmentation des cas de diabète, d'épilepsie, de maladies du pancréas, du foie et des reins, d'allergies et j'en passe. Bien sûr, la sélection excessive dont sont l'objet de nombreux chiens et chats joue aussi un rôle non négligeable. Elle provoque des infirmités chroniques et l'apparition de maladies que l'on ne rencontrait jamais il y a trente ans, ou seulement de manière exceptionnelle.

Un autre phénomène devrait, en tant que professionnels, nous faire réfléchir. À ceux qui clament haut et fort que, grâce aux nouveaux traitements toujours plus coûteux et aux croquettes de régime soi-disant adaptées à chaque maladie, la longévité de nos animaux familiers ne cesse d'augmenter, je rétorque que ce n'est pas exact. Certes, on croise encore aujourd'hui quelques chiens de grande taille âgés de quinze ans ou plus. Mais quand, exceptionnellement, ils atteignent cet âge, c'est en tant que malades chroniques. Autrefois, c'est-à-dire il y a vingt ou trente ans, lorsque nos chiens et nos chats tombaient malades, ils avaient déjà atteint un âge avancé et ne tardaient pas à mourir. Aujourd'hui, nos animaux domestiques prennent beaucoup de médicaments souvent inutiles pour ne guère dépasser l'âge de douze ans. Difficile de savoir combien de pauvres chiens et chats dépérissent sous médication permanente.

Le parallèle avec nous, humains, saute aux yeux. Nous-mêmes vivons toujours plus longtemps, les statistiques le montrent. Mais le prix à payer est une moindre qualité de vie, la maladie chronique nous atteignant de plus en plus tôt. Comme chez nos animaux – et comment pourrait-il en être autrement ? –, les affections chroniques augmentent en raison d'une alimentation de mauvaise qualité industriellement dénaturée, d'un mode de vie inadéquat, d'empoisonnements médicamenteux et d'un environnement pollué, entre autres causes. Certes, de plus en plus de voix s'élèvent réclamant un changement de cap. Il n'en demeure pas moins que notre système de santé est en train de s'effondrer, car personne ne peut ou ne veut prendre en charge les coûts supplémentaires toujours croissants. La prophylaxie et l'information sont les parents pauvres et tant qu'il y a aura des médecins pour tracer toujours le même sillon, aucun changement fondamental n'est à attendre. Il en va de même pour les vétérinaires et leurs patients à quatre pattes. Sans évolution des esprits ni changement de paradigme, rien ne peut changer. Nous devrons longtemps encore nous occuper d'enfants et d'adultes toujours plus gros et toujours plus malades et de chiens et de chats... toujours plus gros et toujours plus malades.

Nous, vétérinaires, ne sommes suivis par aucune caisse d'assurance maladie, ce qui n'est pas plus mal. Cependant, si une telle caisse existait, elle ne verserait sûrement pas un centime pour un grand nombre d'examens, de prescriptions et de traitements inutiles ou pour des aliments dits de régime. Mais qui déterminerait ce qui est utile ou non ? L'exercice libéral du vétérinaire doit être préservé. Laissez-moi tout de même souligner qu'environ quatre-vingts à quatre-vingt-cinq pour cent des chiens souffrent plus ou moins d'une maladie chronique : obésité, lésions hépatiques, maladies du métabolisme, troubles gastro-intestinaux variés, affaiblissement du système immunitaire, allergies, cancers, infections et toutes sortes d'affections du squelette. Pour ce qui est du taux de mortalité, les cancers occupent désormais de loin la première place des statistiques.

Nous, vétérinaires, devrions par conséquent faire usage de notre précieuse liberté thérapeutique et entretenir un rapport franc et direct avec les propriétaires de manière à intervenir en amont, grâce à l'information et à la prévention, afin d'éviter autant que faire se peut les maladies citées plus haut. Malheureusement, le quotidien du professionnel est la plupart du temps bien différent. Faute de savoir vétérinaire, mais aussi surtout par intérêt financier, les animaux sont tourmentés et épuisés par toutes sortes de mesures inutiles qui ne font que précipiter leur entrée dans la chronicité.

Ce livre a pour but de vous secouer et de vous ouvrir les yeux, chers lectrices et lecteurs ! Il entend interpeller tant mes consœurs et confrères que les propriétaires des animaux pris en charge sur les erreurs et les abus qui se produisent en nombre dans les cabinets vétérinaires.

J'ai parfaitement conscience qu'en majorité ma corporation ne partage ni mes acquis ni mes convictions, par crainte entre autres de perdre sesprécieux avantages. On me reprochera mon incompétence, on dira que je crache dans la soupe et que sais-je encore ? Il n'empêche que le nombre de chiens et de chats atteints de maladies chroniques augmente parallèlement à celui des antibiotiques, vermifuges, etc. administrés, ce qui me donne raison : quelque chose cloche dans notre système. Aucun argument ne peut contredire cette réalité. Ce sont les faits.

Il est évident que je ne parviendrai pas à influencer ou à convaincre le premier groupe de vétérinaires, cyniques et corrompus, présenté plus haut. Le deuxième groupe en revanche, celui des « suiveurs », est sans doute encore ouvert à quelques critiques et pistes de réflexion. Le troisième groupe pense et travaille déjà comme moi. Ces consœurs et confrères trouveront dans ce livre la confirmation de ce qu'ils avaient seulement pressenti ou craint jusqu'ici, comme de ce qu'ils savaient déjà.

Pour terminer, laissez-moi vous donner un exemple de cynisme sans pareil observé chez l'un des représentants de ma corporation. Il y a environ un an, j'ai rencontré un confrère tyrolien qui compte parmi les fervents avocats de différents aliments de régime, qu'il distribue bien sûr lui-même à grande échelle. Quand je lui ai demandé s'il savait ce qu'il faisait aux animaux en prescrivant de tels produits, voici quelle fut sa réponse : « Évidemment que je le sais, mais les clients affluent grâce à cela. C'est ce qui me fait vivre, et même très bien ! » Que dire de plus ?

Je suis bien consciente, malheureusement, que les « confrères » de ce type n'ont aucun intérêt à réviser leur manière de penser. La pression doit venir du groupe possédant le plus grand pouvoir en médecine vétérinaire. Et ce groupe c'est vous, propriétaires de chiens et de chats ! Informez-vous sur ce qu'il y a de meilleur pour votre animal et, s'il le faut, osez dire **non** à votre vétérinaire.

Lorsque, comme ce fut le cas il y a quelques jours, j'ai des nouvelles d'un propriétaire qui m'apprend que son chien n'a pas rechuté depuis sa prise en charge dans mon cabinet, c'est le plus beau compliment, qu'en tant que vétérinaire, on puisse me faire. Je vous souhaite de trouver près de chez vous un professionnel qui travaille avec des méthodes globales au bénéfice de la santé de votre animal et commence par lui épargner les maladies induites par des aliments et des traitements inadaptés.

Mon livre doit pouvoir vous aider à y voir plus clair tout en vous montrant quelles sont les alternatives et comment user avec lucidité des aliments tout prêts, des médicaments, des vermifuges et des vaccins.

JUTTA ZIEGLER,
Hallein près de Salzbourg, janvier 2011

CHAPITRE 1

LE CHAT FÉLIX NE PEUT PLUS URINER

Les conséquences d'une alimentation à base de croquettes et de pâtés en boîte

Le chat Félix n'a que cinq ans quand il tombe gravement malade. Assis depuis des heures déjà sur ses toilettes pour chat, il tente en vain d'uriner. Il parvient juste à faire quelques gouttes de sang au prix d'une intense douleur. Il crie si fort que sa maîtresse, Johanna P., prise de panique, rejoint toute affaire cessante la première clinique vétérinaire. Là, Félix est soigneusement examiné et le diagnostic tombe : il a des calculs vésicaux ou, plus exactement, des calculs de struvite (phosphate ammoniaco-magnésien) dans la vessie. Félix est anesthésié et on lui pose une sonde urinaire. Un antibiotique et un antalgique lui sont administrés par piqûre et Johanna P. est autorisée à ramener Félix à la maison munie de dix comprimés d'antibiotique, d'une pâte pour acidifier l'urine et de quarante-huit sachets fraîcheur de 100 grammes chacun contre les calculs (Prix : 48,00 €).

Le jour suivant, l'état de Félix s'améliore sensiblement, mais il refuse le pâté de régime. Après deux jours de grève de la faim, Johanna P. téléphone à la clinique et demande ce qu'elle pourrait donner d'autre à son chat. L'assistante vétérinaire la conseille très aimablement tout en la mettant en garde : une rechute rapide est à craindre en cas de refus prolongé du régime. Seule solution : remplacer les sachets fraîcheur par des croquettes. Johanna P. retourne donc à la clinique pour procéder à l'échange. Impossible malheureusement, puisque Madame P. a – logiquement – entamé le lot de sachets. Quarante-quatre sachets sur quarante-huit sont bien intacts, mais faute de lot complet, impossible désormais pour la clinique de vendre les quarante-quatre sachets restants. Cela va de soi ! Très fâcheux tout de même…

Johanna P. rentre chez elle avec un sac de 3,5 kilos de croquettes de régime pour la vessie (Prix : 32,00 €). Même refus de la part de Félix. Il recrache également la pâte à acidifier l'urine. Johanna P. réussit à faire prendre à son Félix les comprimés d'antibiotique en usant d'habileté, de patience et… de pâté de foie, non sans mauvaise conscience, puisque selon le vétérinaire, Félix ne doit rien absorber d'autre que ses aliments de régime.

Au bout de deux jours supplémentaires durant lesquels Félix refuse toujours obstinément de s'alimenter, Johanna P. appelle un autre vétérinaire. Celui-ci écoute l'énoncé des antécédents et invite Madame P. à venir sans attendre jusqu'à son cabinet. Elle installe Félix, déjà amaigri, dans sa cage de transport et prend la route. Arrivée dans la salle d'attente, elle est frappée par le nombre de doses d'essai et d'affiches publicitaires en faveur des aliments de régime. La consultation ne lui apprend malheureusement rien de plus. À la question portant sur l'origine possible des calculs de struvite, elle n'obtient pas de réponse plus satisfaisante qu'à la première clinique :

– Beaucoup de chats en souffrent, ça arrive souvent, déclare le vétérinaire. Voilà qui est éclairant !

– Alors, il ne me reste plus qu'à lui donner à vie ces aliments de régime chers et qu'il n'aime pas du tout ? demande Madame P.

– Oui, évidemment, sinon il va retomber malade, prévient le vétérinaire qui a tout de suite la solution. Il existe des aliments de régime contre les calculs d'une autre marque qu'il aimera sûrement !

On fait une piqûre à Félix et Madame P. repart, munie cette fois de douze boîtes de régime contre les calculs (Prix : 32,40 €) et, pour varier, de trois kilos de croquettes de la même gamme (Prix : 29,90 €). Excusez du peu !

Johanna P. rentre chez elle avec son protégé et pleine d'espoir. Mais le nouvel aliment ne provoque pas non plus l'enthousiasme chez Félix. Il goûte quelques miettes de croquettes avant de s'en détourner avec dégoût. Il touche à peine aux boîtes. Madame P. se désespère et se demande ce qu'elle a fait de travers. La publicité comme le vétérinaire assurent que la nourriture prête à l'emploi est la meilleure pour les chats et qu'elle leur plaît au goût. Impossible donc de mal faire en donnant uniquement des aliments tout prêts de qualité supérieure !

Pourquoi alors le chat Félix se retrouve-t-il avec des calculs de struvite ? Johanna P. a pourtant fait tout ce qu'il fallait puisqu'elle n'a jamais rien servi d'autre à son chat qu'une nourriture prête à l'emploi « équilibrée » et « adaptée à ses besoins ».

On ne compte plus les propriétaires de chats qui se posent chaque jour la même question sans recevoir de réponse satisfaisante de la part de leur vétérinaire. Les questions portant sur l'alimentation appropriée des chats en bonne santé ou sur les maladies causées par des erreurs alimentaires ne sont visiblement pas les bienvenues. Pour toute réponse, les vétérinaires eux-mêmes recommandent souvent Whiskas & Cie dans un premier temps, avant de vendre des aliments de régime hors de prix aux propriétaires des chats ainsi rendus malades. Ces aliments spéciaux ne sont pas seulement chers, mais de qualité médiocre, ce qui manifestement ne choque personne, bien au contraire : plus il y a d'animaux malades, plus leurs maîtres sont obligés de consulter le vétérinaire.

Beaucoup de vétérinaires, semble-t-il, s'en remettent aveuglément aux recommandations de l'industrie des aliments pour animaux. Rien là d'étonnant puisque, malheureusement, l'alimentation appropriée du chat est absente de la formation vétérinaire. Les futurs professionnels apprennent certes à mettre au point des programmes alimentaires en se référant à des tableaux de besoins, mais les tableaux en question ne font que reprendre les indications de l'industrie ! Les étudiants se voient présenter au cours de leur formation différents aliments tout prêts élaborés industriellement et ils doivent, par exemple, calculer à l'aide des indications correspondantes (ingrédients et additifs) les besoins quotidiens d'un chat. L'industrie est donc intégrée dès le départ dans les études sans la moindre critique. C'est tellement pratique ! Pour quelle raison, dans ces conditions, un étudiant, qui n'a rien appris en dehors des aliments tout prêts, se mettrait-il subitement à tout remettre en cause, quand de surcroît les aspects lucratifs de la vente d'aliments lui sont clairement montrés avant même le début de sa carrière professionnelle ? De même, au cours des stages qu'il fera par la suite dans des cabinets et cliniques vétérinaires, jamais aucune alternative aux aliments tout prêts ne lui sera présentée. Même chose quant à la formation continue consacrée à l'alimentation des chiens et des chats : c'est le sponsor industriel qui fixe à l'avance les thèmes et les contenus. C'est ainsi qu'en général les vétérinaires ne connaissent rien d'autre que la nourriture élaborée par l'industrie et se retrouvent dans une impasse.

Quand un jeune vétérinaire ouvre à son tour son propre cabinet, l'industrie le couvre immédiatement de cadeaux de bienvenue : des montagnes de boîtes et de croquettes de régime sont livrées franco de port à l'adresse du nouveau cabinet, accompagnées de caisses d'échantillons gratuits – évidemment ! – destinés aux maîtres. Le nouveau praticien a ainsi sous la main l'aliment de régime adapté à chaque maladie. Il est tellement simple d'entretenir un mécanisme si bien huilé ! Pour nourrir chiots et chatons en bonne santé, le vétérinaire recommande de donner dès le départ uniquement une nourriture prête à l'emploi. Raison invoquée : elle contient tout ce dont ils ont besoin pour leur croissance. Voilà la belle fable racontée chaque jour à des milliers de propriétaires d'animaux domestiques.

Pourtant cette formule – ***tout ce dont les chiens et les chats ont besoin est déjà dedans*** – est la plus funeste hérésie servie par l'industrie. Selon elle comme pour la plupart des vétérinaires, les besoins de nos animaux de compagnie se résument à certains pourcentages de protéines, de matières grasses et de fibres brutes, ainsi qu'à un certain nombre d'*unités internationales* (UI) de vitamines et minéraux de synthèse, le tout mixé chimiquement en laboratoire. Résultat : un pur produit artificiel de l'industrie. Et pour s'assurer que nos pauvres compagnons mangent bien cette mixture morte, on incorpore des exhausteurs de goût additionnés de conservateurs pour que le tout ne se perde pas. Pour chaque âge, pour chaque race, pour chaque prédisposition, il existe une variante spéciale, même si en réalité les différences de composition sont minimes : toutes se ressemblent *a priori*.

Mais revenons à notre Félix et à ses calculs de struvite. Comme nous l'avons vu, il n'a connu de toute sa vie que Whiskas, Kitekat et Cie, le plus souvent sous forme de croquettes selon les recommandations du vétérinaire.

« Vous pouvez essayer sans problème toutes les marques vendues en grande distribution ; si votre chat aime, c'est que cela lui réussit », avait dit le vétérinaire à Johanna P. qui, en bonne maîtresse, en était restée là. Le fait que Félix soit à présent malade n'a, du point de vue du professionnel, aucun rapport avec son alimentation. Les maladies, il faut le savoir, arrivent de nulle part et un animal malade fait, soit dit en passant, rentrer plus d'argent dans la caisse d'un cabinet qu'un animal en bonne santé.

Pourquoi notre Félix a-t-il des calculs de struvite ? Les croquettes pour chat contiennent une proportion importante de céréales (jusqu'à 80 %). Le reste se compose le plus souvent de protéines de qualité médiocre, « redynamisées » à l'aide d'additifs. Le chat est cependant un pur carnivore et sa nourriture devrait contenir au moins quatre-vingt-treize pour cent de protéines d'origine animale de bonne qualité. Les céréales n'ont quasiment rien à faire dans une nourriture appropriée, hormis, par comparaison, la petite quantité qui se trouve encore dans l'estomac de la souris consommée par les chats les mieux lotis, libres de déambuler à travers la campagne.

L'intestin du chat n'est pas du tout conçu pour digérer les céréales. Il est très court et par conséquent incapable de décomposer et d'utiliser de manière adéquate les glucides (céréales). C'est ainsi qu'aucune sorte de croquettes ne peut répondre aux besoins d'un chat en protéines de qualité.

Résultat : la proportion trop élevée de céréales provoque une modification du pH (degré d'acidité) urinaire qui ouvre tout grand les portes à la formation de calculs vésicaux. Par ailleurs, en consommant sa nourriture naturelle, à savoir des souris ou de la viande crue, le chat absorbe suffisamment de liquide, ce qui n'est pas le cas avec les croquettes. Pour couvrir ses besoins, le chat nourri avec des croquettes devrait absorber le triple de la dose en eau, alors qu'en tant qu'animal originaire du désert, il boit peu. Pour compenser la carence en liquide liée à la nourriture sèche, l'organisme du chat concentre davantage l'urine et la vessie se vide moins souvent. Cette concentration urinaire ainsi que l'alcalinisation du pH due à la proportion bien trop importante de céréales aboutissent finalement à la formation de calculs de struvite.

Et Félix dans tout ça ? Entre-temps, Johanna P. en a eu assez des coûteux aliments de régime à peine goûtés dont la plus grande part a fini à la poubelle. Elle donne de nouveau à Félix la nourriture qu'il aime, celle d'avant la maladie. Elle y mélange prudemment la pâte acidifiante. Cela ne fonctionne pas mal. Par moments, elle arrive même à refiler à Félix quelques miettes de croquettes de régime. Comme il est sorti de l'aventure plutôt affamé, il les mange à contrecœur, mais les mange quand même.

Quelques mois s'écoulent durant lesquels Félix se porte plus ou moins bien. Puis un jour, le revoilà assis dans son bac à litière à essayer d'uriner. Les quelques gouttes qui suintent lui arrachent des cris à faire pitié. *Ça ne va pas recommencer !* se dit Johanna P. avant de conduire une nouvelle fois Félix jusqu'à la clinique vétérinaire. Là, même procédure que précédemment : anesthésie, sonde, piqûres, comprimés. Mais nouveau diagnostic : calculs d'oxalate, c'est-à-dire calculs rénaux. « Comment est-ce possible ? » demande Madame P. au vétérinaire de service tout en lui narrant ses difficultés face au refus de Félix de manger sa nourriture de régime, même s'il absorbe régulièrement la pâte acidifiante. Le vétérinaire, indigné, rend Madame P. responsable de l'apparition des calculs d'oxalate. Elle a probablement ajouté trop de pâte acidifiante à la nourriture. Maintenant, l'urine est trop acide, d'où les calculs.

Cette fois, Félix met plus longtemps à se remettre. Il boit davantage et mange de moins en moins. Il n'aime pas sa nouvelle nourriture de régime contre les calculs d'oxalate et préfère jeûner.

Après quelques mois supplémentaires, Félix est hirsute et il a considérablement maigri. Disparue sa si fière allure. Johanna P. contacte une fois de plus la clinique et fait part du piètre état de Félix. Le vétérinaire lui donne rendez-vous pour une analyse de sang qui doit être effectuée au plus vite. Sur la table de soins, Félix mord et donne des coups de griffes à qui tente de l'approcher. D'ordinaire bonne pâte, il se montre franchement agressif. Une nouvelle anesthésie est pratiquée pour réussir à faire la prise de sang. Le résultat n'est pas bon : il présente des taux élevés d'urée et de créatinine, idem pour le phosphore. Félix a les reins malades.

On lui fait des perfusions et quelques piqûres. Comme précédemment, on fournit à Johanna P. quarante-huit sachets fraîcheur et quatre kilos de croquettes – pour les reins cette fois –, des comprimés et une poudre que Félix devra avaler une fois par jour pour faire baisser la trop forte teneur en phosphore de son sang.

« Ce régime est obligatoire », déclare le vétérinaire en remarquant la mine désespérée de Madame P. à la vue du nouveau stock d'aliments et de son coût. « La maladie rénale impose une nourriture moins riche en protéines. » À la question de Johanna P. quant aux causes possibles de cette maladie, la réponse est la suivante : « Les reins sont le point faible de beaucoup de chats et vu les antécédents de Félix, c'était à prévoir. Les calculs urinaires provoquent souvent des insuffisances rénales, qui parfois ne se manifestent que plusieurs années plus tard, mais le plus souvent au bout de quelques mois seulement. »

Il se trouve que la maladie des reins est aussi la conséquence d'une mauvaise alimentation. Croquettes de régime ou croquettes normales, peu importe : les deux contiennent une proportion bien trop élevée de céréales. Les reins ne peuvent pas les métaboliser, ce qui entraîne une sollicitation excessive permanente. Et il faut maintenant que Félix mange moins de protéines ? C'est comme si une vache ne pouvait plus manger ni foin ni herbe, alors qu'il s'agit là de sa principale source alimentaire naturelle.

Des études américaines ont clairement montré depuis longtemps qu'un apport réduit en protéines ne permet pas de remédier aux maladies rénales. Bien au contraire : le plus important, qu'il s'agisse de chats en bonne santé ou de chats malades des reins, est de leur donner des protéines de qualité qui, sous leur forme optimale, ne se trouvent que dans la viande crue. La nourriture traditionnelle prête à l'emploi, y compris de régime, est, outre sa teneur bien trop faible en protéines, fabriquée non pas à partir de viande mais de sous-produits animaux. D'autre part, on utilise des protéines végétales que l'organisme du chat absorbe très mal ou pas du tout. La teneur en protéines inscrite sur les boîtes et les emballages ne renseigne pas sur leur qualité. À cela s'ajoutent des les céréales qui surmènent les reins. Un véritable cocktail empoisonné pour des chats qui sont par nature de purs carnivores et que l'on rend activement malades ! Il n'est pas difficile d'expliquer la fréquence croissante, ces dernières années, des maladies du rein et de la vessie chez le chat. Elles augmentent parallèlement à l'utilisation de nourriture toute prête et de régime. Les chats auxquels on donne peu ou pas de nourriture toute prête mais beaucoup de viande fraîche, ont à l'inverse peu de problèmes de vessie ou de reins.

Quant à l'intérêt d'abaisser un taux de phosphore augmenté chez les chats malades des reins, il n'est pas encore démontré. L'abaissement du taux de phosphore par le biais des médicaments doit soi-disant empêcher l'accumulation nuisible de calcium dans les reins. Mais cet abaissement artificiel par la chimie influence le taux de calcium. On vient donc complètement chambouler la combinaison sensible de deux minéraux. Les principales causes des calculs vésicaux sont en réalité la modification du pH des urines ainsi que leur concentration anormale. Ce qui explique que des maladies rénales succèdent souvent à des calculs vésicaux, même si les deux tableaux cliniques peuvent apparaître indépendamment l'un de l'autre.

Combien de fois suis-je amenée, dans mon propre cabinet, à devoir euthanasier des chats encore jeunes (cinq ans, voire moins) à cause de reins qui ne fonctionnent plus du tout. Et leur nombre croît à vue d'œil ! Pourtant des chats, certes malades mais dont l'alimentation est encore modifiable, peuvent vivre encore longtemps et surtout en bonne forme, à condition qu'ils n'aient pas été désensibilisés à leur nourriture naturelle : viande crue ou souris. Dans ces aliments non transformés, protéines et phosphore sont présents dans leur biodisponibilité naturelle. Il ne se forme ni calculs vésicaux, ni calculs de struvite, ni calculs d'oxalate, puisque le pH de l'urine est normal et non soumis à des variations constantes.

Cela dit, il peut être difficile de réhabituer à une nourriture naturelle des chats qui n'ont jamais rien connu d'autre que les aliments tout prêts et que l'on a véritablement rendus dépendants aux arômes artificiels et autres phéromones. Cependant, grâce à un « sevrage doux », c'est-à-dire en incorporant de la viande crue aux aliments tout prêts et en réduisant progressivement la nourriture industrielle, il est possible d'y parvenir. L'issue est en revanche fatale si le propriétaire retourne à la nourriture industrielle après le rétablissement du chat. La réapparition des affections est alors programmée. Au bout de plusieurs rechutes, la plupart des propriétaires deviennent néanmoins raisonnables et respectent enfin l'interdit frappant les aliments tout prêts.

Maîtres et maîtresses se montrent en effet plus avisés que la plupart des vétérinaires. Ces derniers persistent stoïquement à prescrire une nourriture soit allégée en phosphore et en protéines en cas de pathologie rénale, soit capable d'abaisser ou d'augmenter (en fonction du tableau clinique) le pH en cas de calculs vésicaux. C'est le traitement standard et comment pourrait-il en être autrement ? C'est ce qui est appris à l'université depuis toujours.

En voici l'illustration caractéristique à travers l'échange par courrier électronique que j'ai eu le 5 novembre 2009 avec la directrice de la faculté de médecine vétérinaire de l'université de Vienne.

Chère consœur,

Permettez-moi de vous faire part de mon embarras en matière de nourriture. Que recommandez-vous pour les chats souffrant de maladie rénale ? Quels aliments de régime sont les mieux tolérés et les plus efficaces quant aux matières premières, aux additifs, etc. ? Je vous remercie par avance.

Avec mes salutations respectueuses,

DR JUTTA ZIEGLER

Voici maintenant la réponse.

Chère Docteur Ziegler,

En ce qui concerne les régimes pour chats atteints de maladie rénale, « Hill's k/d » est l'aliment présentant les teneurs en protéines et en phosphore les plus faibles et donc à recommander en cas d'insuffisance rénale moyenne à grave (si l'animal l'accepte, ce qui n'est pas toujours le cas). L'équivalent Royal Canin présente des teneurs un peu plus élevées, mais est à recommander pour les cas de moindre gravité, en cas de refus de Hill's et comme nourriture permanente ; et il est de toute façon bien meilleur que les aliments pour les reins proposés dans le commerce spécialisé ou que la nourriture normale.
En clair : en présence de cas graves, Hill's 6 à 8 semaines. Quand l'urée et le phosphore se sont stabilisés dans le sang, commencer par mélanger Royal Canin et Hill's, puis, selon l'état, Royal Canin seul.

Avec mes salutations distinguées,

SIGNÉ DU NOM DE LA DIRECTRICE

Allez vous y retrouver ! Qu'entend Madame le Docteur X par « nourriture normale » ? Whiskas, Sheba et Cie ? Tout ceci montre clairement les liens étroits qui existent entre les universités et l'industrie des aliments pour animaux. Il est logique que les vétérinaires perpétuent ce qu'ils ont entendu et appris sur les bancs de la fac. D'autant plus que c'est à leur avantage.

Pas un mot de la part de ma chère consœur à propos des matières premières utilisées dans les aliments cités. Pas un mot non plus sur les protéines de mauvaise qualité et sur la proportion de céréales bien trop élevée surmenant les reins. Aucune information sur la composition des protéines, rien non plus sur les conservateurs nuisibles pour la santé. Et rien enfin sur la possible alternative consistant à donner à un chat malade des reins une nourriture préparée à la maison à base de protéines de qualité. Seule entre ici en ligne de compte la dépendance envers l'industrie. Le bon sens, lui, n'est pas de mise, malheureusement.

Il est pourtant si simple de donner à un chat une nourriture appropriée (voir Chapitre 9). Seuls sont nécessaires le bon sens déjà évoqué et un minimum de confiance en ce que l'on fait soi-même, qualités en voie de disparition dans notre monde industrialisé. Résultat : les maîtres qui nourrissent leur chat avec de la viande crue préfèrent ne pas en parler ou le font seulement à mots couverts. Il est courant, en effet, qu'ils s'entendent qualifier de criminels sans cœur par les autres propriétaires d'animaux qui s'exclament : « Comment peux-tu être aussi irresponsable ? Ton animal va avoir des carences ! » Il n'en aura sûrement pas, croyez-moi. Au contraire.

Et que devient notre Félix ? Il a continué à maigrir, il ne mange que rarement sa nourriture de régime qui lui répugne. Apathique, il n'est plus que l'ombre de lui-même. Quand il va particulièrement mal, Johanna P. l'emmène jusqu'à la clinique vétérinaire où on lui fait des perfusions. Évidemment, elle a consulté d'autres vétérinaires qui lui ont tous répété la même chose. Elle n'est pas loin de la résignation.

Un jour où Felix va particulièrement mal, passant ses journées sans manger et se contentant de boire de l'eau, elle décide, le cœur lourd, de le délivrer définitivement de sa souffrance. Elle se rend avec lui à la clinique pour le faire euthanasier. Cette fois, la facture finale lui est respectueusement envoyée par la poste.

Félix n'a pas atteint l'âge de sept ans.

Une triste histoire qui met en rage. L'exemple de Félix n'est pourtant pas un cas isolé, mais un cas parmi beaucoup, beaucoup d'autres.

CHAPITRE 2

LE LABRADOR PAUL SE GRATTE JUSQU'AU SANG

Pourquoi les régimes antiallergiques ne font effet que momentanément ou pas du tout

Le labrador Paul a toujours mangé des croquettes (spéciales chiot). Sylvia H. va chercher l'adorable petit Paul à huit semaines et lui donne, pour être sûre de ne commettre aucune erreur, les croquettes recommandées par l'éleveuse. « Il y est déjà habitué, elles lui réussissent bien et elles contiennent tout ce dont il a besoin », lui dit-elle. Mais, les semaines suivantes, petit Paul a régulièrement la diarrhée. A chaque fois cependant, les comprimés de charbon prescrits par le vétérinaire font leur effet.

À plusieurs reprises, le chiot doit prendre des antibiotiques, car la diarrhée est particulièrement grave et Paul est vraiment malade. Il reçoit tous ses vaccins, il est vermifugé, on le débarrasse de ses puces : le programme complet des manuels. Quelques petites semaines plus tard, Paul commence pourtant à se gratter horriblement. Il ne parvient pas à se calmer, il change de place sans arrêt, notamment la nuit ; il se gratte et se mord constamment. Le vétérinaire traite de nouveau les puces et lui fait une piqûre contre les démangeaisons. Elles se calment provisoirement pour recommencer de plus belle au bout de quelques jours. L'inflammation touche aussi les oreilles qui sont rouge cramoisi. Paul souffre affreusement.

Sylvia H. ramène Paul chez le vétérinaire qui lui prescrit des gouttes pour les oreilles, des bains antiallergiques, ainsi que des antibiotiques à prendre pendant dix jours. À cela s'ajoute bien sûr une nouvelle piqûre. Diagnostic : le chiot fait une allergie. Paul doit donc dorénavant être nourri avec un aliment dit hypoallergénique, sous forme de croquettes spéciales. Entre les bains, les gouttes à mettre dans les oreilles et les antibiotiques à administrer, Sylvia H. ne chôme pas. Elle ne rechigne pas pour autant : il faut bien venir à bout de cette allergie ! Mais Paul n'aime pas du tout ses croquettes spéciales. Sylvia H. ne cède pas et ne lui donne rien d'autre. Paul prend sur lui et mange. Il n'a que six mois et compte déjà parmi les malades chroniques de son vétérinaire.

A l'issue de la cure antibiotique de dix jours, Paul va nettement mieux. Autre problème cependant : les comprimés ont eu des effets néfastes sur son estomac et son intestin. Résultat : la diarrhée est de retour. Sylvia H., qui a appris à s'y retrouver parmi les nombreux maux de Paul, lui donne des comprimés de charbon. Cette fois encore, ils sont très efficaces.

Mais quelques semaines plus tard, Paul se remet à se gratter comme un fou. Aucune partie de son corps n'y échappe. L'inflammation de ses oreilles réapparaît et il souffre beaucoup. Sylvia H., désespérée, change de vétérinaire. Le nouveau vétérinaire prescrit un test d'allergie et pose une collerette autour du cou de Paul pour qu'il ne puisse plus se gratter. En attendant les résultats du test, on lui fait des piqûres de cortisone en préventif et des comprimés de cortisone prennent le relai à la maison. Le résultat du test est le suivant : Paul est allergique aux acariens de poussière et de stockage alimentaire, ainsi qu'au maïs et à la viande de bœuf et d'agneau.

Puisque les croquettes antiallergiques qu'il mangeait jusque-là contenaient du maïs, elles sont remplacées par d'autres, à base de soja cette fois. Sylvia H. reçoit d'autre part pour instruction de nettoyer en permanence tous les tissus avec lesquels Paul entre en contact et de se procurer un aspirateur équipé d'un filtre antiacariens. Il faudra aussi congeler les croquettes avant consommation pour éliminer les acariens de stockage. Sylvia H. respecte toutes les prescriptions. Elle est prête à tout pour soulager Paul qui lui fait tant de peine avec ses démangeaisons incessantes et ses oreilles douloureusement enflammées.

Pendant quelque temps, cela ne fonctionne pas trop mal, puis Paul recommence à se gratter. Sylvia H. lui remet immédiatement sa collerette pour l'en empêcher. Mais un jour, la crise de démangeaison est si forte qu'il réussit à s'en débarrasser et la met carrément en pièces, avant de se mordre et de se gratter jusqu'au sang. À force, la peau de son ventre, en particulier, présente de nettes lésions. Les zones concernées sont noires et ont l'aspect du cuir. Quant à celles plus récemment attaquées, sur le dos cette fois, elles passent au rouge vif et suppurent. Sylvia H. est complètement désespérée.

Paul, qui aura maintenant bientôt un an, ne s'est jamais vraiment bien porté. Il est toujours très fatigué, les promenades ne lui font pas particulièrement plaisir et son allure est très éloignée de celle d'un chien joyeux et en bonne santé. Son poil est terne et hirsute. Il n'a plus le droit de se coucher dans le séjour en raison de son assez forte odeur et de ses flatulences. Chien et maîtresse sont aussi malheureux l'un que l'autre de la situation. À intervalles réguliers, la diarrhée revient. Les comprimés de charbon finissent par ne plus agir. Excédée, Sylvia H. met Paul dans la voiture et le conduit jusqu'à une clinique vétérinaire recommandée par une connaissance. Elle est loin de chez elle, mais un spécialiste des maladies de peau est censé y exercer.

Dans cette clinique spécialisée, Paul subit une prise de sang et ses selles sont analysées. Un nouveau test d'allergie, une échographie et une radio sont également effectués. Sylvia H. attend avec impatience les résultats. Ils ne laissent rien augurer de bon : les valeurs hépatiques sont élevées, les enzymes pancréatiques sont hors norme, l'élastase fécale (témoin de l'activité du pancréas) est insuffisante et la formule sanguine est mauvaise. Le test d'allergie, quant à lui, révèle que Paul, en plus d'être allergique aux acariens de poussière et de stockage, au blé, au maïs, à la viande de bœuf et d'agneau, l'est aussi au soja. On lui fait des perfusions et prendre des comprimés pour protéger son foie et des enzymes lui sont prescrites pour la digestion. Évidemment, il faut de nouveau changer de croquettes antiallergiques. Cette fois, la recette est pour le moins exotique : viande de cerf au tapioca. Elle ne suffit cependant pas à redonner le sourire à Sylvia H. Les sommes dépensées pour les analyses, les traitements, les médicaments et la nourriture atteignent en effet des proportions menaçantes pour son porte-monnaie, un seul sac de douze kilos des différents aliments antiallergiques coûtant à lui seul entre cinquante-six et quatre-vingt-cinq euros. Et Paul ne guérit pas pour autant, son état empire.

Le troisième changement de nourriture ne donne qu'une amélioration provisoire. L'ensemble des traitements entrepris n'a mené à rien et Paul va manifestement de plus en plus mal. Sylvia H. décide alors de faire une toute dernière tentative qui la conduit jusqu'à mon cabinet au printemps 2008. En tant que spécialiste en homéopathie, je suis sans arrêt confrontée à de pareils cas, apparemment sans espoir et pour lesquels tout a déjà été tenté. Que s'est-il passé dans celui de Paul ?

Reprenons depuis le début. Depuis sa naissance, comme à sa mère d'ailleurs, on n'a donné à Paul que des croquettes. C'est ainsi que fut posée la première pierre à l'origine des affections à suivre. Car, en étant nourri de la sorte, il était impossible à Paul de se constituer une flore intestinale de carnivore saine. Normalement, une mère transmet à ses chiots, dès leur naissance et par la suite, des bactéries essentielles ainsi que des enzymes digestives. Le processus commence dès la mise bas, lors du passage par la voie génitale, puis se poursuit par la toilette et le léchage réguliers effectués par la mère, etc. Ces substances si importantes, Paul ne les a pas reçues de sa mère en raison de sa propre alimentation inadaptée et il n'a pas pu se constituer lui-même une flore intestinale saine par la suite puisqu'il a été nourri exclusivement avec des croquettes.

Quel est le problème avec les croquettes ? Tout aliment sec est broyé mécaniquement lors de sa fabrication au point de rendre ses composants méconnaissables, puis chauffé à très haute température. Il est ainsi plus facile à travailler, mais ce procédé détruit les enzymes si précieuses pour la digestion et dénature les protéines. Quant aux bactéries essentielles pour digérer, elles n'ont aucune chance de survie. Que reste-t-il de vivant dans les croquettes : rien à part les acariens de stockage ! J'y reviendrai.

Que pouvons-nous faire pour commencer dans le cas de Paul ? Il faut le faire passer à une nourriture « vivante ». Ce qui ne veut naturellement pas dire, en l'occurrence, lui donner des poulets vivants, mais une nourriture dont les ingrédients sont encore présents dans leur composition naturelle d'origine. Lors de la fabrication des croquettes, les ingrédients sont à l'inverse réduits à leurs principaux composants, avant d'être réassemblés pour obtenir une nouvelle forme. Or, une matière sous sa forme d'origine n'a rien à voir avec la somme de ses composants chimiques. Et elle n'est disponible que lorsque la nourriture est proposée sous sa forme naturelle – à savoir viande et parures de viande – et crue. Légumes et herbes aromatiques viendront compléter ce repas.

Sylvia H. est prête à prendre en charge la préparation des repas de Paul. Il faudra commencer par reconstituer une flore intestinale saine, ce qui ne se fait pas du jour au lendemain. Les diverses allergies de Paul ne facilitent pas le choix des variétés de viande.

Les croquettes « stériles » empêchent non seulement le développement d'une flore intestinale saine, mais elles entraînent également une sollicitation excessive et permanente du pancréas en raison de la proportion bien trop élevée de céréales, d'où un risque de diabète nettement accru. Pour des questions de coût exclusivement – les céréales étant bien moins chères que la viande –, les carnivores sont transformés en granivores.

Les aliments tout prêts mettent jusqu'à vingt-quatre heures pour transiter dans l'intestin quand la viande fraîche n'en met que six à huit environ. Le temps nécessaire à la digestion diffère donc de manière importante. Le surmenage constant du tube digestif lié à une nourriture dont la composition n'est pas conforme aux besoins de l'animal finit par entraîner un déficit enzymatique, puis une fermentation anormale dans l'intestin. Les premières réactions sont les diarrhées, telles qu'elles sont apparues précocement chez Paul. Les fermentations libèrent des substances qui rendent la paroi intestinale plus perméable. Celle-ci laisse alors passer de plus grosses molécules qui arrivent ainsi directement dans le sang. Le système immunitaire réagit en se mettant à produire davantage d'anticorps, eux-mêmes annonciateurs de l'allergie. Si l'organisme reçoit sans arrêt les substances en cause (parmi lesquelles comptent aussi tous les additifs artificiels), ces dernières peuvent affecter directement le métabolisme. Le système immunitaire s'affole et développe en permanence de nouvelles réactions de défense.

Ce mécanisme vaut aussi pour des ingrédients qui, en situation ordinaire, ne pourraient jamais déclencher d'allergie, telle la viande de bœuf, aliment normalement à la fois naturel et sain pour un chien. Ces réactions immunologiques se reproduisent en chaîne, une sensibilité excessive succédant à une autre, ce qui explique aussi pourquoi la désensibilisation ne suffit pas et n'agit qu'à court terme. Elle consiste à fabriquer contre un antigène précis (c'est-à-dire la substance qui déclenche l'allergie) un vaccin administré sous forme de piqûre. Le traitement, qui peut durer des années, commence habituellement par un simple test sanguin permettant d'identifier les allergènes déclencheurs. En fonction des résultats et de l'allergie correspondante, on passe d'un type d'aliment à l'autre et seuls les ingrédients diffèrent. En effet, un aliment de régime se limite certes à une unique source de protéines, mais pour le reste rien ne le distingue des autres : le processus de fabrication au cours duquel l'ensemble des nutriments est détruit, des additifs artificiels sont ajoutés..., reste le même. Cela vaut aussi pour les conservateurs et les arômes potentiellement allergisants. Il est donc logique que cette solution ne puisse fonctionner, sauf à très court terme.

Dans le cas de Paul, il faut donc y aller très progressivement. Il faudra commencer par purifier l'intestin trop sollicité, puis poursuivre en reconstituant une flore intestinale fonctionnelle. Un régime d'élimination ne sera mis en place que dans un second temps, afin de déterminer ce que Paul supporte ou non.

Deux jours de jeûne seront tout d'abord observés, durant lesquels Paul ne prendra que de l'eau et une cuillère à soupe de yaourt nature qui apportera des bactéries vivantes bénéfiques pour la flore intestinale. Puis il aura droit à du poulet cuit (pour commencer, cru plus tard) avec des carottes, accompagnés chaque jour de yaourt nature, d'algues marines et d'argile. Un jour de jeûne par semaine viendra toujours s'intercaler. Le tout est bien toléré par Paul. Le poulet ne pose donc pas de problème. Au bout de quatre semaines, le nouveau menu se compose de viande de bœuf accompagnée de légumes. La viande est de moins en moins cuite. A l'issue de quelques semaines supplémentaires, la digestion de Paul est bien réglée et il mange sa viande crue. Son système digestif fonctionne désormais très bien et il apprécie sa viande crue accompagnée de sa portion de légumes quotidienne. Argile et algues marines font toujours partie du menu, de même que différentes herbes aromatiques ou plantes : persil, basilic, origan, ciboulette ou pissenlit. Le fait qu'il tolère maintenant bien la viande de bœuf, qui s'était avérée positive lors du test d'allergie, témoigne de la constitution désormais naturelle de sa flore intestinale.

Les allergies à certains types précis de viande, comme le bœuf chez Paul, ne concernent souvent que le produit travaillé industriellement. Sous sa forme brute, c'est-à-dire crue, il est le plus souvent toléré sans difficulté. Le régime d'élimination de Paul montre qu'il tolère très bien tous les types de viande ou presque, mais pas sous leur forme industrielle. Il s'avère qu'il ne tolère effectivement pas la viande d'agneau. S'il en consomme, ses oreilles rougissent immédiatement. Cette viande est donc complètement éliminée de son alimentation. Désormais, les diarrhées ne sont plus qu'un mauvais souvenir, les démangeaisons se sont bien calmées, mais en ce qui concerne les oreilles, tout n'est pas encore rentré dans l'ordre. Les poussées inflammatoires sont toujours d'actualité, les allergies ne disparaissant pas comme par enchantement. Mais, grâce à sa flore intestinale reconstituée, Paul digère bien comme en témoigne la disparition des diarrhées. Sa paroi intestinale ne laisse plus passer de substances étrangères dans son sang, ce qui soulage son système immunitaire.

L'allergie aux acariens de poussière est bien sûr toujours présente, mais sous une forme nettement atténuée. Paul doit par conséquent passer plus de temps en plein air. Voilà qui est facile à mettre en place pour Sylvia H. qui dispose d'un jardin entouré d'une clôture toute neuve dans lequel Paul peut se dépenser. L'allergie aux acariens de stockage est quant à elle évacuée puisqu'il est absolument interdit à Paul de consommer des aliments tout prêts. Or, ce type d'acarien ne se trouve que dans les croquettes. Le conseil du deuxième vétérinaire consistant à congeler les croquettes pour tuer les acariens est absurde. Ils sont certes détruits par la congélation, mais ce sont surtout leurs excréments qui déclenchent les allergies. Paul n'a pas droit non plus aux restes (charcuterie, viande assaisonnée, etc.), car les additifs contenus dans les denrées alimentaires (qu'elles soient destinées aux humains ou aux animaux) peuvent être dangereux pour lui. Sylvia H. se félicite d'être désormais en mesure, par des moyens relativement simples, de traiter un problème complexe. Elle prend d'autant plus de plaisir à préparer les repas de Paul qu'elle constate à quel point il les aime. Avec le temps, les otites se sont espacées, son pelage désormais lustré est magnifique et son état général est bien meilleur. Il est plein de vie, joueur et apprécie de nouveau les sorties. Sa mauvaise odeur est oubliée et il ne se tord plus de douleur. Il peut maintenant rester avec ses maîtres dans la même pièce sans empester. Ce n'est plus le même chien !

Des cas similaires se présentent souvent à mon cabinet, malheureusement. Tous n'évoluent pas aussi bien que Paul, mais une nette amélioration s'observe chez chacun d'entre eux. Certains chiens sont en outre bourrés de médicaments qui endommagent encore davantage leur flore intestinale et surexcitent leur système immunitaire, si bien qu'il faut parfois faire le deuil d'une guérison complète.

Quels sont les traitements habituellement proposés par la suite dans la plupart des cabinets vétérinaires ? Après les tests d'allergie et les éventuelles désensibilisations (coûteuses, longues et aux effets de courte durée), la cortisone prend le plus souvent le relais, en tant que remède standard proposé par tout vétérinaire impuissant face aux allergies. Il s'agit le plus souvent d'un traitement au long cours dont on s'accommode des effets et des maladies secondaires (syndrome de Cushing, effondrement du système immunitaire) au bénéfice d'une amélioration provisoire.

Un vétérinaire devrait pourtant réfléchir et se demander pour quelle raison les aliments antiallergiques ne font effet qu'à court terme et pourquoi il faut sans arrêt rechercher de nouveaux ingrédients toujours plus exotiques pour échapper à des allergies toujours nouvelles. Car en recommandant sans cesse de nouveaux aliments antiallergiques, les vétérinaires déclenchent artificiellement de nouvelles allergies. Certains de ces aliments contiennent, comme toute nourriture prête à l'emploi, tellement d'ingrédients différents qu'il est impossible d'identifier des allergènes précis. Plusieurs sources de protéines végétales viennent souvent s'ajouter à une ou plusieurs sources de protéines animales, d'où l'impossibilité de déterminer les vrais coupables. Un régime d'élimination correctement suivi ne contient qu'**une seule source de protéines** accompagnée d'**une seule variété de légume ou de glucide**. Rien de plus. Et cela en aucun cas sous forme d'aliment tout prêt !

Sérieusement, c'est l'évidence même ! Un jour ou l'autre, quand il n'y aura plus rien pour remplacer la viande d'autruche, de cheval et de buffle, le tapioca et l'endive, on verra peut-être apparaître la truffe comme dernière surenchère dans les menus industriels. Sinon, il ne restera plus qu'un traitement au long cours à base de cortisone avec son cortège de symptômes associés. C'est malheureusement ce qui se produit d'ordinaire, selon un schéma invariable, dans tout cabinet vétérinaire standard dédié aux animaux de compagnie. Les allergies chez le chien et le chat sont de plus en plus fréquentes et le phénomène a débuté parallèlement à l'introduction de la nourriture industrielle. Lutter contre le problème avec des produits identiques ou faiblement modifiés et fabriqués selon les mêmes processus industriels ne peut à la longue que mal tourner.

Mais curieusement, très peu de monde s'en rend compte. Y compris parmi les vétérinaires coresponsables, trop occupés qu'ils sont à promouvoir leurs coûteux aliments de régime à des maîtres invités à persévérer à grand renfort de médicaments générateurs de maladies.

Je n'insinue pas que tous mes confrères se comportent de la sorte à dessein. Mais certains sont parfaitement au courant et agissent par simple calcul. Il y a quelque temps, j'ai rencontré par hasard un confrère qui est à la tête de l'un des cabinets réalisant l'un des plus gros chiffres d'affaires d'Autriche en ce qui concerne la vente d'aliments pour animaux. Quand je lui ai demandé s'il savait ce qu'il faisait et ce que finit par provoquer la nourriture industrielle chez les chiens et les chats qui nous sont confiés, il m'a répondu qu'il le savait pertinemment, mais que l'influence des croquettes sur son chiffre d'affaires était tellement énorme qu'il ne pouvait ni ne voulait y renoncer. Bon nombre de confrères d'un certain âge sont bien conscients du problème ou commencent au moins à réaliser que la nourriture a peut-être un lien non négligeable avec l'augmentation constante des cas d'allergie. Ils ne sont d'ailleurs pas les seuls en hausse, puisque l'augmentation concerne aussi des maladies qu'on ne rencontrait pas dans de telles proportions auparavant.

En cas d'allergie grave, certains confrères sont assez raisonnables pour commencer par écarter l'aliment tout prêt, avant de mettre en place un régime d'élimination à base de nourriture préparée à la maison. Mais – allez savoir pourquoi ! – ils ne s'opposent pas au retour à la nourriture toute prête, dès que l'animal finit enfin par aller mieux. La confiance accordée à cette nourriture semble limitée, mais mercantilisme et commodité l'emportent. L'expérience montre que l'état de santé de l'animal, lui, est sans issue. Tant que le mal n'est pas pris à la racine – et le mal est ici, comme souvent, une nourriture exclusivement à base d'aliments tout prêts –, le phénomène allergique reste incontrôlable. Et tout le monde y gagne : les vétérinaires comme l'industrie des médicaments et des croquettes. Nos pauvres chiens et chats, eux, en font les frais.

Quelle est l'alternative ? Une nourriture crue biologiquement appropriée ? Dans ce cas, seul y gagne le boucher, ou mieux encore le paysan bio qui abat encore lui-même ses bêtes et doit payer cher pour l'élimination de ses déchets de viande. Cette filière peinera à trouver des aides. Elle ne sera soutenue ni par les vétérinaires, ni par l'industrie pharmaceutique et encore moins par l'industrie des aliments pour animaux, car sa mise en place irait de pair avec une chute des recettes, notamment de celles issues de la vente des chères croquettes de régime !

Après plus de trente ans d'expérience et de fausses pistes en détours (oui, moi aussi, j'ai vendu autrefois des aliments de régime, convaincue de leur pertinence et de leur nécessité), l'ébauche de solution toute simple à laquelle je suis parvenue consiste à donner à nos chiens et à nos chats une nourriture crue biologiquement appropriée. Les résultats me donnent raison et prouvent que c'est la meilleure. Il n'existe malheureusement pas de séries de tests comparant aliments de régime tout prêts et alimentation naturelle. Seules sont réalisées des études comparatives confrontant différents produits industriels. Qui d'ailleurs pourrait bien financer ces séries de tests ? Obtenir un résultat qui va à l'encontre de leurs intérêts économiques ne serait nullement profitable aux participants. Il n'en va pas autrement en médecine humaine. Les tests portent toujours sur les produits de différentes firmes pharmaceutiques. De bons produits, souvent plus simples, plus sains et moins chers, mais non brevetables, ne bénéficient jamais de la moindre série de tests.

Combien ai-je vu de chiens dont le pelage se modifiait visiblement en peu de temps grâce à un simple changement de nourriture et que je reconnaissais à peine, qu'il s'agisse de leur odeur ou de leur vitalité. Chez les chiens à poil long en particulier, un désordre métabolique se remarque immédiatement par des modifications du pelage et de la peau. Un chien nourri avec de la viande crue a une tout autre allure, son odeur aussi est bien différente. Cela saute aux yeux de tout observateur attentif. Seulement, comme trop peu de maîtres nourrissent leur chien d'une manière appropriée à son espèce et que tous les chiens ou presque ont le pelage hirsute et sans éclat, on le remarque moins. Demandez un jour au propriétaire d'un chien au poil terne et à l'odeur repoussante ce qu'il lui donne à manger. Vous obtiendrez toujours la même réponse : de la nourriture toute prête. Essayez, vous verrez !

Je me souviens encore du lancement dans les années soixante-dix de Chappi ou de Pedigree Pal, premières boîtes de conserve pour chien, les plus connues à l'époque. Leur effet fut radical. Les chiens qui en mangeaient avaient l'air sale, dégageaient une odeur infecte et déposaient au milieu du paysage d'énormes crottes de couleur rouge. Il ressortait la même quantité que celle qui avait été donnée ou presque. Ces marques d'aliments en boîte étaient alors et continuent d'être *grosso modo* les produits les plus médiocres du marché. Il est évident que seuls les chiens les plus résistants supportent cette pitancesans tomber malades. Entre-temps sont apparus de nombreux produits, qui certes relèvent le niveau quant aux matières premières, mais n'en restent pas moins des produits tout prêts avec tous leurs inconvénients.

Permettez-moi de vous livrer dans les paragraphes qui suivent quelques-unes des questions posées par les propriétaires désespérés d'animaux souffrant d'allergies sur un grand forum Internet allemand dédié aux chiens.

A propos de Susie, West Highland white terrier femelle de cinq ans, stérilisée :

Nous soignons depuis deux ans sans succès une allergie chez notre West Highland white terrier. Après de nombreuses tentatives de traitement (aliments de régime, autohémothérapie[1], bains médicinaux quasi quotidiens, antibiotiques, etc.), notre vétérinaire est lui-même à court de solutions. Les maux sont les suivants : pustules suintantes et en partie purulentes sur tout le corps, large croûte foncée, peau très rouge. Sans prise de cortisone, notre chien ne serait plus là.

Réponse de l'équipe vétérinaire :

Votre demande ne permet malheureusement pas de savoir de quelle manière a été posé le diagnostic d'allergie ni quels examens ont été réalisés jusqu'à aujourd'hui. Une allergie alimentaire ne peut être identifiée qu'au moyen d'un régime d'élimination exclusif résolument suivi au minimum pendant six semaines. Pour détecter un allergène inhalé provoquant une réaction allergique dans le cadre de ce que l'on appelle l'atopie (allergie sans cause identifiable), la recherche peut passer par un test sanguin ou de préférence par un test cutané intradermique. Si un allergène responsable est détecté mais qu'il impossible de l'éviter (acarien de poussière, par exemple), la solution consiste à entreprendre ce qu'on appelle une désensibilisation. Au cours de ce traitement, on injecte des doses croissantes de l'allergène responsable sous la peau du chien, afin d'obtenir une accoutumance de l'organisme.
Chez le Westi, une sorte de levure (Malassezia) s'installe sur la peau déjà affectée, ce qui provoque une aggravation nécessitant à son tour un traitement spécial. Une biopsie de la peau peut donner de plus amples renseignements sur la cause de la maladie. S'il est impossible de poser un diagnostic clair, alors aucun traitement ciblé n'est envisageable et il ne reste plus que le traitement symptomatique.

1 Mode de traitement, surtout utilisé en allergologie, qui tend à tomber en désuétude (NDT).

A propos de Wotan, berger allemand mâle, âgé de quatre mois, allergique aux acariens de poussière et de stockage, nourri au Royal Canin Junior pour berger allemand, sous cortisone :

Bonjour,

Notre chien à une allergie aux acariens de poussière et de stockage diagnostiquée par un test sanguin. Pour supprimer les démangeaisons, nous sommes obligés de lui donner des comprimés de cortisone, ce qui, évidemment, est très mauvais pour un chiot. Mais nous n'avons pas trouvé d'autre solution jusqu'à présent. Nous mettons les croquettes à ramollir dans de l'eau et nous lui donnons une fois par jour un peu d'huile de carthame. Sinon, c'est un petit bout de chien plein de vie. Que pouvons-nous lui donner de plus contre les démangeaisons ?

La réponse de l'équipe vétérinaire est pour l'essentiel identique à celle fournie pour le premier cas, si ce n'est la recommandation de passer fréquemment l'aspirateur à filtre spécial parallèlement à la désensibilisation et de consulter un spécialiste des maladies de peau.

A propos de Toby, Golden Retriever mâle de sept ans, castré. Antécédents : troubles de la prostate. Nourriture : Bosch Active.

Aussitôt après avoir mangé, notre chien a des démangeaisons, il se roule sur son tapis, se gratte la mâchoire et tout le long des pattes. Il est actif et en liberté trois à quatre heures par jour.

L'équipe vétérinaire conseille d'essayer différentes marques d'aliments hypoallergéniques généralement recommandées (toutes sous forme de croquettes).

A propos de Mr. Spock, chien croisé mâle, six ans. Nourriture : Royal Canin antiallergique.

Depuis environ un an, Spocky est en traitement presque toutes les semaines. Le test d'allergie est positif à la viande de bœuf, à l'agneau, au poulet, à la dinde, au soja, à l'orge, au riz, au maïs et au lait de vache (tous classe 5 sur une échelle de 6 classant les niveaux d'allergénicité). Il a de très fortes démangeaisons, des pustules sèches sur tout le corps, des plaques rouges de la taille d'une pièce de deux euros sur la face interne des cuisses et disséminées sur le ventre, ainsi qu'une importante desquamation. Notre chien perd ses poils, sent fort et il est très agité. Chiot déjà, il lui est arrivé de se gratter de manière impressionnante et de ramper sur le dos sur le tapis... Aussitôt après le résultat des tests d'allergie, je lui ai donné l'aliment recommandé par la vétérinaire. Nous ne lui avons rien donné d'autre depuis trois mois. Aucun succès. Nous ne lui donnons le bain qu'avec un shampoing spécial. Nous lui avons aussi fait prendre des comprimés d'Atopica. Nous avons arrêté avec l'accord de la vétérinaire car les manifestations empiraient. Spocky reprend maintenant du Cefazid[2] 600 mg (qui a assez souvent fait effet sur lui). Un nouveau test d'allergie aux herbacées a été réalisé et s'est avéré négatif. La vétérinaire a considéré que seule l'autohémothérapie pouvait encore être tentée et qu'en cas d'échec, il ne restait plus que la cortisone. Le traitement à base de cortisone fonctionne-t-il toujours et quels sont ses effets secondaires ? Etant donné que l'aliment antiallergique ne donne rien, faut-il que je le remplace par Nova Foods[3] (poisson et

2 Antibiotique à large spectre pour chiens et chats non disponible en France. Substance active : céfalexine (NDT).

3 Marque d'aliments pour animaux fabriqués par une compagnie italienne, peu distribuée en France (NDE).

pomme de terre), ou bien peut-il être utile que je prépare moi-même la nourriture ? Que dois-je faire pour rendre la vie de Spocky supportable ? Je n'ai pas regardé à la dépense et aucun effort ne m'a fait reculer, sans succès jusqu'à présent. C'est vraiment épuisant.

Réponse de l'équipe vétérinaire :

Vous pouvez tout à fait commencer par préparer la nourriture vous-même, le régime hypoallergénique classique se composant de viande de cheval accompagnée de pommes de terre. Une amélioration devrait intervenir en quelques jours. Si vous ne souhaitez pas tout préparer vous-même, vous pouvez passer ensuite ou dès maintenant à Nova Foods…

Mon commentaire : Qu'est-ce que cela signifie ? L'équipe vétérinaire est visiblement perdue. Commencer par conseiller de préparer la nourriture, ce qui est juste en effet, et recommander dans le même temps un aliment tout prêt… Les confrères ne semblent avoir aucune conscience de l'absurdité de leur proposition. Si un chien est allergique aux aliments tout prêts, je ne peux pas me contenter de changer de marque ! Sinon, il ne reste plus que la cortisone. Dans le cas présent, Spocky a pris des médicaments qui atténuent les réactions de son système immunitaire (Atopica est utilisé lors des transplantations d'organes pour empêcher le rejet), puis des antibiotiques (Cefazid). Le fait que son système immunitaire, trop sollicité depuis des années déjà, s'effondre, n'est qu'une conséquence logique.

Ce que j'ai du mal à comprendre, c'est pourquoi certains vétérinaires recommandent bien de préparer soi-même la nourriture – ils ne se fient, semble-t-il, pas tant que cela aux différents aliments antiallergiques –, mais pour repasser ensuite aux bonnes vielles croquettes, une fois le succès obtenu. Conseiller de préparer les repas en choisissant une seule source de protéines est juste et permet de détecter progressivement quelles allergies sont présentes. Mais n'oublions pas que certaines allergies, à la viande de bœuf par exemple, ne sont souvent présentes que lorsque cette viande a été l'objet d'une transformation industrielle et ne concerne pas la nourriture fraîche préparée chez soi. En cas de retour aux croquettes, avec leur viande de bœuf transformée industriellement, c'est reparti pour la même galère. Impossible également, en s'y prenant de cette façon, de maîtriser les allergies liées aux divers additifs présents dans les aliments tout prêts.

Et que devient notre Paul ? Il restera sensible à vie. Alors qu'un chien en bonne santé tolère de temps à autre une portion d'aliments tout prêts, quand ses propriétaires sont en vacances ou qu'il n'y a plus de viande, Paul lui réagit immédiatement. Sylvia H. en est bien consciente, si bien qu'elle veille scrupuleusement à ce que son chien ne mange rien qui ait subi une quelconque transformation industrielle, ce qui exclut par exemple toute charcuterie. Depuis qu'elle respecte ces précautions, Paul va très bien.

Face à ce type de tableau clinique complexe, nous vétérinaires, devrions si possible travailler de manière globale, avoir une démarche explicative et informative envers les propriétaires et nous abstenir d'avoir recours à un nouveau traitement chimique chaque fois qu'un nouveau symptôme apparaît. Des médicaments toujours nouveaux et des variétés d'aliments toujours plus saugrenues ne sont sûrement pas la solution.

Et s'il vous plaît, ne touchez pas aux aliments de régime !

Voici pour clore ce chapitre le récit de Madame P. à propos du parcours médical de sa chienne bergère, Luna :

Luna, un chiot de type berger, est arrivée il y a trois ans et demi dans notre famille. Luna est devenue une chienne très active et un membre de la famille très affectueux. A l'âge de deux ans et demi, nous avons découvert une zone enflammée et suintante sur sa patte arrière. Mon vétérinaire de l'époque a pensé qu'il pouvait s'agir d'une allergie. Il fallait que je change la garniture de son panier et que je passe une pommade sur la zone touchée. Aucune amélioration à la clé, bien au contraire. Luna a commencé à se gratter le ventre sans arrêt et a perdu beaucoup de poil. C'est alors que j'ai découvert que le poil de son abdomen était en train de tomber complètement et que la peau de cette zone devenait toute noire. De nouvelles zones enflammées sont apparues sur la face interne des pattes avant et arrière. Le vétérinaire m'a expliqué qu'il s'agissait d'une grave allergie.

À mes questions visant à identifier les causes possibles, il me dit que cela pouvait être dû à beaucoup de choses, que les problèmes ne faisaient que commencer et que seul un traitement à base de cortisone pourrait la soulager. Il fit donc à Luna une piqûre de cortisone et prescrivit des comprimés. Les inflammations régressèrent et une amélioration au niveau de la peau du ventre fut visible. À cause de la cortisone, Luna avait très faim et très soif, ce qui entraîna une prise de poids sensible.

Au bout de quatre semaines environ, elle recommença à se gratter et deux zones très enflammées sont apparues sur son corps. Son pelage devint terne et sa peau desquamait beaucoup. Mon vétérinaire m'expliqua alors que Luna avait développé en plus une infection bactérienne, ce qui est fréquent en cas d'allergie, la peau étant très fragile. Il s'est abstenu de me dire que la cortisone elle-même rend la peau très sèche et fragile. Luna prit alors un antibiotique puissant tout en continuant les comprimés de cortisone. Je demandai à nouveau si une autre solution était envisageable sans obtenir de réponse utile. Les jours qui suivirent, l'état de Luna ne s'améliora guère. Du fait de sa peau sèche, elle se grattait beaucoup et ses poils tombaient énormément. Je me dis que ça ne pouvait pas continuer comme ça. Les médicaments ne faisaient qu'aggraver l'état de mon chien. C'est alors que j'ai appelé l'éleveuse de Luna au téléphone qui m'a conseillé d'aller voir le docteur Ziegler. Je l'ai appelée le jour même et lui ai décrit les antécédents de Luna. Le docteur m'a demandé ce que je lui donnais à manger. Un aliment tout prêt, toujours le même, ai-je répondu. Le docteur Ziegler m'a expliqué que dans plus de quatre-vingts pour cent des cas d'allergie, la nourriture est la cause principale et que de nombreux chiens développent des réactions allergiques à des aliments pour chiens ordinaires. Il fallait donc commencer par assainir l'intestin, puis changer de nourriture.

J'ai d'abord donné à Luna pendant trois jours uniquement du yaourt à lactobacilles vivants (ferments lactiques). Puis je l'ai emmenée chez le docteur Ziegler. Elle m'a expliqué que la cortisone avait contribué à beaucoup dessécher sa peau et qu'il fallait passer à une nourriture crue. C'était tout nouveau pour moi puisqu'on entend toujours que la viande crue rend les chiens agressifs. L'enthousiasme et la compétence du docteur Ziegler m'ont cependant convaincue de me tourner vers cette nourriture et je suis repartie avec un programme alimentaire pour Luna : légumes vapeur ou réduits en menus morceaux, viande crue, panses, os, yaourt. Je me suis mise à la recherche d'un boucher proche de mon domicile chez qui me procurer parures de viande, panses, abats et os. Puis j'ai immédiatement commencé à donner à Luna la nourriture prévue.

Le matin à jeun, il y avait une coupelle de yaourt additionné d'un peu d'argile, d'herbes séchées, de compote de cynorrhodon et de deux cuillères à soupe d'huile de poisson. Plus tard, c'était l'heure de la viande ou des abats accompagnés de légumes mixés. Le soir, Luna mangeait un os charnu, de la panse ou de la gorge.

Luna a tout de suite accepté cette nourriture, elle faisait craquer les os et engloutissait les panses, les gorges et les morceaux d'organes entiers. En quinze jours, elle se grattait déjà beaucoup moins. Quelque temps plus tard, son pelage aussi devint plus beau et les poils de son ventre commencèrent lentement à repousser. J'étais très heureuse des progrès et pris beaucoup de plaisir à me procurer de la bonne viande pour mon chien, ainsi qu'à constater avec quelle joie et quelle persévérance Luna venait à bout d'un gros os.

Au bout de cinq semaines environ, Luna fit une rechute. Elle recommença à se gratter beaucoup, des zones enflammées réapparurent et elle perdit de nouveau son poil. Le docteur Ziegler m'expliqua qu'une telle rechute n'avait rien d'inhabituel. Il me fallait désormais entreprendre un régime d'élimination, c'est-à-dire changer de type de viande toutes les six semaines, afin de déterminer quelle viande Luna supportait bien. Je commençai donc, six semaines durant, à ne lui donner que des morceaux de bœuf, puis je passai à la volaille. Les démangeaisons se calmèrent et l'aspect de son pelage s'améliora progressivement. Quand je suis passée à la viande de porc, Luna a recommencé à se gratter vigoureusement deux jours plus tard. J'ai immédiatement arrêté. J'ai mis Luna à la diète à base de yaourt pendant trois jours, puis j'ai repris les repas, à base de volaille cette fois. En ce moment, Luna mange de la viande de mouton qu'elle aime beaucoup et qui lui réussit bien.

Aujourd'hui, six mois environ ont passé et le ventre de Luna a retrouvé son pelage, les plaques noires et les zones enflammées ont disparu, et surtout elle ne se gratte presque plus. Elle digère dorénavant sans problèmes (auparavant, elle avait souvent la diarrhée) et son pelage est reluisant. Elle a même retrouvé sa silhouette sportive. Grâce à cette nourriture à base de viande, de matières grasses, de fruits et de légumes, j'ai retrouvé un chien en parfaite santé, équilibré et vif. Et cela sans le moindre médicament.

Par ce récit, je souhaite remercier très sincèrement le docteur Ziegler pour son suivi plein de sollicitude et pour son soutien permanent face à mes hésitations initiales notamment, lorsqu'il s'est agi de passer à une autre nourriture pour Luna.

CHAPITRE 3

L'HISTOIRE SANS FIN DU BERGER TOBY ET DE SES ARTICULATIONS FICHUES

Les conséquences dramatiques d'une sélection excessive et d'une mauvaise alimentation

Lorsque la famille P. va le chercher chez l'éleveuse, Toby, le petit berger, est un chiot éveillé. Avant de le choisir, le père de famille s'est bien informé sur les bergers allemands et a choisi un élevage reconnu. Autant être prudent. À en croire les médias, les éleveurs corrompus ne manquent pas. Comme Toby est d'une race dite de grande taille, on lui donne dès le départ – évidemment ! – des croquettes pour chiens atteignant la grande taille en question.

« Vous êtes sûrs ne pas vous tromper », dit l'éleveuse à la famille P. « C'est avec ça que nous élevons tous nos chiens depuis des années ! »

La famille P. a veillé à ce que les parents de Toby soient tous deux indemnes de dysplasie de la hanche (malformation redoutée de l'articulation de la hanche qui survient surtout chez les grands chiens, appelée aussi *hip dysplasia* ou HD). Elle souhaite avoir un chien en bonne santé, sans problèmes articulaires précoces

– ni à retardement bien entendu. C'est doté d'un grand sac de croquettes spéciales pour chiots de grande race fourni par l'éleveuse que le petit bonhomme démarre dans la vie.

Les premiers mois, Toby se développe fort bien. Il ne mange que les croquettes recommandées par l'éleveuse et il se trouve, ce qui est bien pratique, que le vétérinaire habituel les propose justement à la vente. La famille P. respecte également les consignes consistant à ne pas trop solliciter le jeune chien durant sa première année et le prend dans les bras, notamment pour monter et descendre les escaliers. Vaccination, traitement vermifuge, élimination des puces, tout ce qui est prescrit par le vétérinaire est effectué. Toby est un chiot à la fois vigoureux et potelé, ce qui plaît à tout le monde puisqu'il est d'autant plus agréable à câliner. En un mot : il est à croquer !

Mais à l'âge de neuf mois, Toby commence à clopiner à l'avant : un coup à droite, un coup à gauche. La famille P. l'emmène en voiture jusque chez le vétérinaire. Le diagnostic qui tombe la sidère : ostéochondrite disséquante (OCD) aux deux épaules ! Il s'agit d'une anomalie du développement de l'articulation de l'épaule qui fragilise le cartilage. Un cliché radiographique montre nettement les modifications du cartilage et permet d'identifier la maladie.

Que faire ? Le vétérinaire, un chirurgien connu (et les chirurgiens aiment opérer) conseille d'opérer sans attendre. Les deux articulations de l'épaule doivent passer sous le bistouri. La famille P. n'hésite pas longtemps, elle est prête à tout pour le bien-être de Toby. Le vétérinaire lui précise que, sans intervention immédiate, le risque est une arthrose sévère, ce qui ne fait qu'accélérer sa décision.

Toby est opéré. Des deux côtés. Lui et sa famille supportent patiemment les désagréments des traitements consécutifs. Le jeune chien se remet très bien et, au bout de quelques semaines, il peut de nouveau s'appuyer sur ses deux pattes. Sa nourriture reste évidemment la même. « Cela n'a rien à voir avec son alimentation, dit le vétérinaire, c'est héréditaire et de plus en plus fréquent de nos jours. »

La famille P. le croit et continue de donner à Toby les croquettes habituelles. Qu'elles puissent être la cause de la maladie de Toby n'est pas envisagé, ni par le vétérinaire ni par l'éleveuse qui considère la maladie comme une fatalité et décline toute responsabilité. Il est prouvé que les deux parents sont indemnes d'ostéochondrite disséquante et de dysplasie du coude (une anomalie du développement de l'articulation du coude appelée aussi *elbow dysplasia*).

Entre-temps, Toby s'est mis à marcher d'une drôle de façon : à chaque pas, il tourne les épaules vers l'extérieur et l'arrière-train se balance d'un côté sur l'autre. Il ne vient à l'idée de personne qu'il puisse y avoir un problème. Bien au contraire : le balancement de Toby est regardé comme une originalité qui fait sourire.

À un an, comme il est usuel chez les bergers allemands et la plupart des autres grandes races, Toby passe une radio des hanches pour détecter une éventuelle dysplasie de la hanche. On constate chez lui une dysplasie de faible degré. « Ce n'est pas bien grave, dit le vétérinaire, ça n'empêche pas un berger allemand d'atteindre un âge avancé. » Il ne recommande aucun traitement.

De toute façon, Toby ne peut être admis à l'élevage, il en est déjà exclu du fait de son ostéochondrite disséquante. Comme la radio des hanches a nécessité une anesthésie générale, le vétérinaire a conseillé d'en profiter pour le castrer pendant qu'il serait endormi. « Tout risque de cancer des testicules et d'affection de la prostate sera écarté par la même occasion », a-t-il précisé. Toby est donc castré.

Dès l'âge d'un an et demi et sur ordre du vétérinaire, Toby doit désormais se contenter d'un aliment dit « light » puisqu'une tendance à l'embonpoint s'est déjà manifestée chez lui avant la castration. Or, les chiens castrés tendent encore plus à prendre du poids. Seulement, malgré les rations suffisantes, Toby a tout le temps faim. L'aliment « light » prescrit, naturellement proposé à la vente – comme c'est pratique ! – chez le vétérinaire, ne le rassasie pas vraiment.

Quelque mois plus tard, alors qu'il a presque atteint l'âge de deux ans, catastrophe : en pleine promenade, Toby pousse un cri et lève une patte arrière sans pouvoir la reposer. Le père de famille et son fils le traînent à grand peine jusqu'à la maison, avant de le conduire immédiatement chez le vétérinaire. Là, le diagnostic est posé : rupture du ligament croisé du genou. Seul traitement possible : l'opération immédiate. *Il ne manquait plus que ça !* se dit le chef famille. *S'il n'y a pas d'autre solution, il n'y a plus qu'à faire réopérer le chien.*

Cette fois, la période postopératoire est plus pénible. Avec un poids – malgré la nourriture « light » ! – de presque quarante kilos, marcher sur trois pattes est franchement laborieux. La famille P. est en état d'urgence, mais vient à bout de la lourde charge. Après quelques semaines, Toby peut remarcher, mais son balancement de l'arrière-train s'est nettement accentué. Il continue à manger la nourriture « light » recommandée par le vétérinaire et prend en complément de l'extrait de moule verte pour la reconstitution de ses articulations et de ses cartilages. Quand il n'a plus du tout envie de marcher, il y a les antalgiques. Ils sont certes mauvais pour l'estomac, mais ils font effet contre les douleurs.

Après quelques mois, Toby est presque complètement rétabli. Il a maintenant deux ans et demi et pèse quarante-cinq kilos, ce qui est beaucoup trop lourd et le fait paraître bien plus vieux qu'il n'est en réalité. Malgré ses graves affections, il est resté d'une nature très douce. C'est vraiment une bonne pâte et sa famille l'aime plus que tout.

C'est lors d'une excursion en montagne que se produit la catastrophe suivante. Toby pousse de nouveau un cri, il ne peut plus poser l'autre patte arrière, celle qui n'a pas été opérée. C'est reparti pour la même galère : regagner la voiture avec un chien sur trois pattes, aller chez le vétérinaire et prendre connaissance du diagnostic, à savoir rupture du ligament croisé, de l'autre côté cette fois. Le père de famille voit d'ici la suite. Toby va de nouveau devoir être opéré, il va une fois de plus souffrir le martyre pendant des semaines, puis aller clopin-clopant jusqu'au rétablissement complet. Comme si cela ne suffisait pas, ses patients propriétaires ont déjà déboursé des sommes considérables pour le jeune Toby. Le père, désespéré, fait ses comptes : la famille P. aurait déjà pu s'acheter la moitié d'une voiture avec l'argent dépensé. Il n'ose pas en parler, conscient de l'amour que toute la famille porte à Toby. Il ne veut pas passer pour le radin de service qui refuse de soigner son chien pour de basses raisons pécuniaires. Il se résout donc à racler les fonds de tiroir pour payer la troisième opération de Toby. *C'est la dernière fois*, se dit-il secrètement.

Mais le père de famille se trompe, malheureusement. Le parcours médical de Toby n'est pas encore arrivé à son terme. Il prend régulièrement des cachets pour la reconstitution de ses os et de ses cartilages. Ses maîtres lui donnent aussi des antalgiques aromatisés qu'il aime bien. Il en a déjà consommé une quantité industrielle puisqu'il en a constamment besoin ou presque pour pouvoir se déplacer sans trop souffrir.

Les parcours médicaux de ce type ne se comptent plus. Certains vétérinaires s'en accommodent facilement : beaucoup de chiens atteints, c'est beaucoup d'argent qui rentre. Le bénéfice provient, d'une part de la vente des aliments tout prêts, en l'occurrence surtout des aliments de régime à l'intérêt douteux et cela souvent toute la vie du chien, d'autre part de l'opération des articulations fichues sans autre cause que cette mauvaise alimentation. Une fois entrés dans cet engrenage, chiens et maîtres vont de catastrophe en catastrophe. Pourquoi le nombre d'atteintes articulaires est-il en constante augmentation ? Quelle est la cause de ce phénomène ? Est-il possible de l'enrayer ? Répondre à ces questions n'est pas dans l'intérêt des vétérinaires, encore moins dans celui de l'industrie des aliments pour animaux.

Le parcours de Toby illustre parfaitement comment évoluent des problèmes articulaires que l'on a soi-même générés chez son chien. Reprenons depuis le début : les affections articulaires telles que la dysplasie de la hanche, la dysplasie du coude et l'ostéochondrite disséquante sont des anomalies du développement des grandes articulations d'origine presque exclusivement héréditaire à en croire les associations d'éleveurs et les vétérinaires. Les races les plus grandes comme le berger allemand, le rottweiler, le bouvier bernois, le dogue, etc. sont sans aucun doute davantage prédisposées à ces affections en raison de leur taille et de leur poids élevé. Mais comment expliquer que les précautions d'élevage prises depuis plusieurs dizaines d'années ne portent pas leurs fruits ? L'association allemande du berger allemand fut l'une des premières institutions à rendre obligatoire le dépistage de la dysplasie de la hanche chez les chiens d'élevage... mais elle fut en même temps la première à recommander l'alimentation toute prête ! Avec quel résultat ? Malgré une sélection plus sévère, nous rencontrons aujourd'hui nettement plus de problèmes articulaires (au premier rang desquels la redoutée dysplasie de la hanche) qu'il y a encore trente ou quarante ans.

Il est également curieux que dans des pays qui pratiquent le dépistage de la dysplasie de la hanche (HD) sans que l'affection n'exclue pour autant de l'élevage (Angleterre et États-Unis, par exemple), le nombre de chiens atteints soit le même qu'en Allemagne ou en Autriche où la sélection est sévère. Les pays dans lesquels une HD avérée exclut de l'élevage sont peu nombreux. L'Allemagne, l'Autriche, la Suisse, la Suède et la Hollande en font partie. En Angleterre, en France comme aux États-Unis, on aborde la question de manière un peu plus critique en remettant en cause le caractère héréditaire de l'HD ; les spécialistes pensent en tout cas que les facteurs héréditaires ne sont pas seuls en cause dans l'apparition de cette maladie. Si l'on considère les diverses formes que peut prendre l'HD, il est logique que son apparition n'ait pas une cause unique.

On a d'ailleurs récemment isolé un gène potentiellement responsable de l'apparition de l'HD. Pourquoi pas, mais il est possible que la découverte ne s'applique qu'à une seule forme de dysplasie de la hanche. Les nombreuses atteintes du cartilage et des articulations, toutes regroupées sous le terme de « HD », ne peuvent sûrement pas être toutes réduites à un seul gène. On pourrait désormais se contenter d'exclure ce gène de l'élevage et attendre de voir ce qui se passe. Mais ce n'est pas si simple puisque l'on ne sait pas à quelles autres caractéristiques ce gène récemment étudié est associé. Il peut se faire qu'il y ait effectivement moins de cas de HD, mais que la race de chien concernée soit privée d'une autre caractéristique importante et vienne au monde sans poil ou avec une queue courte, par exemple. Aucune limite n'est malheureusement posée aux blâmables pratiques de l'élevage. À partir du moment où l'on a permis au berger allemand d'avoir une démarche qui tient davantage de la grenouille que du chien, de graves troubles de la colonne vertébrale et de la hanche consécutifs à cette posture non physiologique étaient programmés d'avance.

Le dépistage de la dysplasie du coude et de l'ostéochondrite disséquante comme passage obligé pour être déclaré apte à l'élevage est d'ailleurs une pratique relativement récente. Il est donc légitime de se poser cette question : pourquoi ces affections sont-elles de plus en plus fréquentes et non l'inverse puisque que, de nos jours, les chiens sont nourris avec des aliments tout prêts couvrant soi-disant tous leurs besoins ? Nous voilà revenus à l'affirmation citée plus haut : *Tout ce dont un chien a besoin est déjà dedans !* Si c'est le cas, comment se fait-il que le nombre de chiens souffrant d'atteintes articulaires augmente au lieu de baisser ?

Pour quelle raison l'espérance de vie des grandes races est-elle tombée à huit ou dix ans ? Il y a cinquante ans, les chiens de berger, par exemple, n'atteignaient-ils pas au moins l'âge de treize ou quatorze ans ? Je me souviens encore très bien de chiens qui, lorsque j'étais enfant, vivaient très longtemps, et cela sans traitements permanents (antidouleur) ni opérations compliquées. Pour toute personne dotée de logique et capable de regarder plus loin que le bout de son nez, la réflexion s'impose : ce n'est pas possible, comment se fait-il que cette voie empruntée par tant d'« experts » conduise manifestement dans la mauvaise direction ? Et pourquoi n'y a-t-il pas plus de propriétaires d'animaux concernés cherchant à se faire entendre ?

Aujourd'hui, on trouve des gammes d'aliments tout prêts pour tous les cas de figure : chien en surpoids, chien souffrant des articulations, malade du foie ou des reins, à l'estomac ou à l'intestin fragile, allergique ou atteint de n'importe quelle autre affection. On peut généralement trouver un aliment spécial pour chaque race de chien : recette pour teckel, recette pour Westie, recette pour chihuahua, etc. Les chiens castrés et les chiens non castrés ont droit, eux aussi, à leur recette spéciale « adaptée à chaque besoin individuel ». Je suis curieuse de voir ce qui différenciera la recette destinée aux chiens qui lèvent la patte droite pour faire pipi de celle réservée aux gauchers.

Supposons que vous tombiez au supermarché sur un produit sur lequel il serait inscrit : « Réservé aux moins de 50 ans » ou « Réservé aux personnes mesurant plus d'1,70 mètre », ou encore mieux « Réservé aux blonds/blondes », ou enfin « Réservé aux Scandinaves à peau claire » versus « Réservé aux Noir africains ». L'imagination n'a pas de limites ! Sans doute auriez-vous l'impression qu'on vous prend pour un(e) imbécile ? Dans l'industrie des aliments pour animaux, ce sont pourtant, semble-t-il, ces produits qui remportent le plus de succès.

Ces aliments *spéciaux*, conçus pour des races différentes aux besoins soi-disant *spéciaux*, sont une pure invention de l'industrie qui permet clairement de conclure qu'aucun d'entre eux ne peut être optimal. Toby, par exemple, a commencé chiot à manger sa nourriture toute prête conçue pour les chiens de grande taille. Sa teneur en protéines et en matières grasses, de même que l'équilibre des minéraux essentiels comme le calcium et le phosphore ou sa teneur en vitamine A sont censés répondre précisément aux besoins des grands chiens. De même en ce qui concerne quelques facteurs supplémentaires particulièrement importants pour la croissance. Regardons de plus près ce qu'il en est vraiment...

Commençons par le calcium et le phosphore. Les besoins mentionnés dans la littérature présentent des écarts non négligeables. En 1997 déjà, le professeur Ellen Kienzle (université de Munich) le concède :

> *Le fait que soient publiés des besoins moyens variables complique la situation. La discordance des sources trouve en grande partie son origine dans les estimations divergentes concernant la biodisponibilité des préparations à base de calcium ou de phosphore administrées (*Waltham-Buch der klinischen Diätetik von Hund und Katze*).*

Étant donné que, dans les aliments destinés aux chiens de grande taille, la teneur en calcium et en phosphore fluctue fortement d'un fabricant à l'autre (valeurs de 1,0 de calcium pour 0,9 de phosphore à 0,6 de calcium pour 0,68 de phosphore), le fait qu'un chien en pleine croissance bénéficie ou non d'apports en calcium et en phosphore appropriés relève du pur hasard, tant pour ce qui est des quantités que du rapport entre les deux éléments.

Il y a sur le marché toutes sortes de préparations de calcium et de phosphore. La gamme s'étend, des sels de calcium organiques en différentes concentrations bien tolérés et absorbés, aux sels de calcium inorganiques dont la biodisponibilité n'est que de vingt à soixante-dix pour cent. Quand les données relatives aux besoins sont aussi fluctuantes et que la biodisponibilité des différentes préparations ajoutées aux aliments varie autant, comment ces produits tout prêts obtenus artificiellement pourraient-ils fournir des apports en calcium et en phosphore appropriés et équilibrés ?

Le point suivant concerne la vitamine D. La vitamine D régule le métabolisme du calcium et du phosphore, elle est responsable de leur absorption depuis l'intestin et de leur fixation par les cellules oulestissus. Le NRC (*National Research Concil*), par exemple, recommande 404 UI de vitamine D par kilo de nourriture contre 350 à 1 000 UI pour Meyer et Zentek[4]. Dans les aliments tout prêts pour grandes races, on ajoute même jusqu'à 1 500 UI par kilo de nourriture, ce qui constitue une belle marge de sécurité. Trop de vitamine D entraîne cependant une hypercalcémie (un excès de calcium dans le sang). L'organisme réagit en produisant trop de calcitonine. Cette hormone empêche la substance osseuse de se renouveler normalement. La capacité qu'a le squelette de réagir à des contraintes variables durant la croissance est ainsi fortement diminuée. Les conséquences sont des déformations articulaires et il se peut que l'ostéochondrite disséquante et la dysplasie de la hanche se soient installées de cette manière chez notre Toby.

Par ailleurs, une teneur trop élevée en vitamine A (les données varient entre 9 500 et 15 000 UI par kilo de nourriture) peut perturber la constitution du cartilage et de l'os dans sa forme définitive. La perturbation peut aussi concerner le développement des vaisseaux sanguins et entraîner des carences dans l'os correspondant, et de ce fait dans les articulations.

4 Auteurs du guide *Ernährung des Hundes, Grundlagen – Fütterung – Diätetik* (*Alimentation du chien : principes, repas, diététique*), EnkeVerlag (NDT).

Les besoins en vitamines et minéraux sont encore en grande partie calqués sur ceux fixés pour les animaux d'élevage (porcs et veaux) destinés à l'engraissement, dont la croissance est rapide et la durée de vie limitée. Le destin d'un chien n'est pourtant pas d'être engraissé pendant six mois avant d'être consommé ; il doit pouvoir jouir longtemps d'articulations saines.

Revenons à notre chien de berger mâle, Toby. Chiot déjà, il a bon appétit, sa nourriture lui profite, d'où une tendance à l'embonpoint. Le fait qu'une nourriture à la teneur énergétique trop élevée ait pour conséquence une croissance trop rapide, un poids plus important et de ce fait une surcharge du squelette cartilagineux n'est aujourd'hui plus contesté. Des apports excessifs en vitamine A de synthèse et en minéraux (calcium et phosphore) sont eux aussi des facteurs favorisant l'apparition de l'ostéochondrose et de la dysplasie de la hanche.

Le fait qu'autrefois, c'est-à-dire avant le lancement de la nourriture toute prête, les chiots aient pu manger à leur faim sans développer de déficiences osseuses témoigne du rôle déterminant des aliments prêts à l'emploi dans le déclenchement de ce type d'affections. Avec une « nourriture naturelle », et j'entends par là qui n'est pas produite de manière industrielle, un surdosage de vitamines et de minéraux est impossible. Les chiens nourris de cette façon ne sont d'ailleurs pas concernés par le surpoids. J'y reviendrai un peu plus loin.

Dans le cas de Toby, un apport énergétique trop élevé pour le chiot qu'il était fut certainement le facteur déclenchant de sa maladie. Impossible aujourd'hui de vérifier dans quelle mesure des teneurs en calcium et en phosphore inadaptées ou un surdosage vitaminique peuvent également avoir joué. Le vétérinaire habituel aurait dû se rendre compte de l'état nutritionnel du chiot et le signaler à la famille P. Une réduction calorique précoce et résolue aurait épargné beaucoup de souffrances au malheureux Toby. Le régime hypocalorique est intervenu bien trop tard ; de même, l'aliment « light » de fabrication industrielle prescrit était totalement inadapté.

Mais tant qu'ils tireront profit de la vente d'aliments prêts à l'emploi, les vétérinaires se garderont d'envisager que ces derniers puissent être à l'origine de certaines affections. Qui est prêt à aller à l'encontre de son propre intérêt ? A-t-on déjà vu un chien lever la patte pour s'arroser lui-même d'urine ? Ma seule incertitude concerne le nombre de vétérinaires qui ont des doutes mais font l'autruche, selon le principe suivant : ce que tout le monde fait ne peut quand même pas être si mauvais ?

En septembre 2008 se tint à Salzbourg le congrès de l'association des vétérinaires autrichiens spécialistes des animaux de compagnie (*Verein Österreichischer Kleintierpraktiker*). Je fus impressionnée par la conférence sur l'origine des affections articulaires (ED, OCD et HD) tenue par un spécialiste suisse de la dysplasie de la hanche, connu et estimé des professionnels. À voix basse, il évoqua brièvement le fait que le repas dit « du pauvre » pourrait aider bien des chiens présentant des débuts d'affections osseuses et articulaires, leur évitant ainsi bien des calvaires. Il précisa ne pas oser le dire trop fort tout en faisant allusion aux représentants des industriels de l'alimentation présents au congrès. Ces derniers étaient naturellement non seulement présents, mais aussi les principaux sponsors de toute la réunion. En pareil cas, les propos critiques sont évidemment plutôt déplacés.

Quant à savoir si la dysplasie de la hanche présente ou non des composantes héréditaires, les spécialistes ne s'accordent toujours pas sur la question. Pour la plupart des vétérinaires, seule l'hérédité peut en être la cause, cette argumentation étant la plus lucrative. Le fait est en tout cas que les dysplasies de la hanche et du coude et l'ostéochondrite disséquante peuvent avoir une origine alimentaire et que le nombre d'affections est en corrélation avec la consommation de nourriture toute prête. Ce qui signifie en clair qu'il est statistiquement prouvé que le nombre des affections osseuses et articulaires augmente de manière significative chez les animaux nourris avec des aliments tout prêts.

Notre Toby a réagi à l'apport d'énergie trop élevé par des troubles du développement osseux et cartilagineux de l'épaule (OCD) et de la hanche (HD). Sa dysplasie ne fut découverte qu'à un an, alors que sa démarche chancelante était un indice précoce. Cette démarche a entraîné une sollicitation inadéquate des genoux, d'où les ruptures successives des ligaments croisés. Une opération a bien eu lieu, mais le rapport avec la hanche défectueuse n'a pas été envisagé. On s'est contenté de mettre un couvercle sur une casserole en train de bouillir.

Dès l'époque des premières vaccinations, au moment où Toby a été présenté à un vétérinaire, ce dernier aurait dû intervenir en corrigeant l'alimentation selon le principe suivant : remplacer les aliments tout prêts par des aliments frais et éviter tout ce qui fournit trop d'énergie, principalement ici les glucides sous forme de céréales. Tout aliment prêt à l'emploi produit industriellement présente un pourcentage trop élevé de céréales (généralement plus de 50 %, si ce n'est 70 à 80 %). Comme nous l'avons déjà vu, les céréales sont moins chères que la viande et fournissent une énergie rapidement disponible, ce qui peut avoir des conséquences fatales, précisément en phase de croissance. Un animal tel que le chien, qui n'a quasiment pas besoin de céréales, se retrouve rapidement en surpoids et grandit logiquement bien plus vite. Les répercussions sur les articulations comme sur l'ensemble de l'appareil locomoteur sont dramatiques. Les vétérinaires font l'impasse sur cette réalité, puisque la prendre en compte, dans l'intérêt de la santé de leurs protégés, implique de renoncer au produit de la vente des aliments tout prêts. Nos chiens et nos chats, quant à eux, font les frais de ce manquement.

Une foule de propriétaires se laisse bercer par la fable de la « bonne nourriture toute prête ». Ils rendent leurs animaux malades en leur donnant à manger et une fois que la maladie est là, ils leur servent le menu de régime correspondant qui risque fort de provoquer à son tour la prochaine maladie. Personne n'établit de lien de cause à effet entre l'alimentation et ces maladies en chaîne, pas même les vétérinaires, ce qui est à peine croyable sachant qu'ils sont les mieux placés pour être au courant.

Venons-en aux aliments dits « light », eux aussi totalement inadaptés. De vraies coquilles vides. Si l'on regarde la composition d'un aliment « light » parmi les plus connus, les plus recommandés et les plus vendus par les vétérinaires, ses ingrédients trahissent déjà sa médiocrité. Les protéines utilisées en particulier, bon marché et de mauvaise qualité, ne répondent pas du tout aux besoins d'un chien en surpoids. Son métabolisme endommagé réclame justement des protéines de qualité supérieure ; il ne suffit pas de rajouter des fibres comme c'est le cas le plus souvent dans les aliments « light ». Les chiens et les chats nourris naturellement ne grossissent pas. Avez-vous déjà vu un loup ou un chat sauvage en surpoids ?

Regardons de plus près les ingrédients de cet aliment à succès. L'**ingrédient principal** (il figure en première place des ingrédients déclarés, les autres ingrédients suivent par ordre décroissant) est la **farine de volaille**. Seulement voilà : seule la farine **de viande** de volaille contient des protéines de qualité, la farine de volaille, quant à elle, n'est qu'un conglomérat de sous-produits séchés : plumes, pattes, griffes, becs, etc. Une fois transformées en farines, impossible d'identifier ces matières premières de piètre qualité. Il existe par exemple une farine de plumes (*sic*), produite par une entreprise connue et destinée à la fabrication d'aliments pour animaux domestiques, dont la nature n'est évidemment plus reconnaissable. La qualité des protéines – s'il peut encore en être question… – est à l'avenant, c'est-à-dire extrêmement mauvaise.

La **lignocellulose** fait également partie des ingrédients. Il s'agit d'une cellulose souillée par des restes de lignine (la lignine est une substance organique stockée dans les parois cellulaires végétales et qui sert à la conversion en bois) ; elle se compose donc de bois, de jute ou de bambou.

Poursuivons avec les ingrédients suivants.

Pulpe de betterave séchée : il s'agit d'un sous-produit obtenu après extraction du sucre de la betterave (un pur déchet).

Gluten de maïs : c'est un résidu collant, issu de la transformation industrielle du maïs et riche en protéines. Il contient certes beaucoup de protéines végétales, mais elles sont très peu assimilables par un carnivore, je ne le répéterai jamais assez. Le gluten de maïs empêche la diarrhée et maintient ainsi dans le corps des substances non assimilables et toxiques, avec pour conséquence une surcharge des reins et du foie.

Graisses animales : sans précision supplémentaire, il s'agit d'un pur déchet ultime. Ces graisses doivent être déshydratées avant de pouvoir être transformées en aliments pour chien, processus qui les fait rancir rapidement. Une étude américaine a conclu que l'absorption de ces graisses est liée à l'apparition de problèmes cardiaques, au développement de tumeurs et à un risque accru de cancer. Des déchets tels que les vieilles graisses de friture sont également transformés. L'imagination et la clairvoyance économique de l'industrie des aliments pour animaux n'ont décidément aucune limite.

Le scandale de la dioxine en Belgique, par exemple, fut déclenché par des graisses de ce type ajoutées à des aliments pour animaux. L'entreprise Fogra avait collecté en 1999 pour l'entreprise Verkest des graisses et des huiles recyclées. Les containers d'huiles de friture n'avaient pas été clairement séparés de ceux contenant des huiles de moteur usagées. Ces huiles polluées se sont ainsi retrouvées dans les aliments pour animaux, avec pour conséquences une mortalité accrue ou des symptômes de maladies dans les élevages de volailles. L'analyse des aliments a permis de révéler une concentration élevée de dioxine responsable de la pollution. De la dioxine fut retrouvée, lors d'investigations complémentaires, non seulement dans des aliments destinés à la volaille, mais aussi à d'autres espèces animales. La dioxine est un poison absorbé par l'intestin et stocké dans la graisse corporelle. En plus des troubles de la digestion et du fonctionnement enzymatique consécutifs, la dioxine favorise le cancer. Ce n'est au passage pas sans raison si la plupart des professionnels de l'équarrissage de Belgique, de Hollande et d'Allemagne ont comme activité annexe la production de graisses.

Des enquêtes menées en Suisse ont révélé que la moitié des graisses destinées aux animaux sont polluées par des huiles minérales. Or ces graisses bon marché sont principalement utilisées par de grands producteurs d'aliments pour chiens et chats que je ne citerai pas nommément, mais que vous connaissez comme tout le monde grâce aux publicités diffusées au quotidien.

Mais reprenons la liste des ingrédients contenus dans notre aliment « light ».

Psyllium : il s'agit d'enveloppes de graines de psyllium dont le pouvoir gonflant peut atteindre cinquante pour cent de leur volume et qui sont, de ce fait, prétendument rassasiantes.

Hydrolysat de crustacés et de cartilages (glucosamines et chondroïtines pour renforcer les articulations). Sa production fait plutôt penser à un recyclage de restes. La glucosamine est obtenue à partir de crevettes et de carapaces de crevette ; la chondroïtine quant à elle, à partir de cartilage de requin principalement, mais aussi de poumons de bœuf, d'oreilles ou de groins de porc. Reste à savoir si chondroïtine et glucosamine ont un quelconque intérêt du point de vue de la physiologie nutritionnelle.

L-carnitine : cette substance analogue à une vitamine est censée (ce n'est pas prouvé) favoriser la combustion des graisses, ce qui serait effectivement utile compte tenu de la quantité de sucre et de glucides contenus dans cet aliment dit « light ».

Triphosphate de sodium : il s'agit d'un stabilisant, émulsifiant et correcteur d'acidité artificiel. Les vitamines, les minéraux et les acides aminés de synthèse ajoutés en quantité expliquent le recours à cette substance pour revaloriser un produit dans une large mesure de mauvaise qualité.

Enfin, la proportion de **fibres brutes** est très élevée (8,2 %). Une proportion élevée de fibres brutes augmente le volume des selles ; elle révèle aussi que des matières premières végétales de qualité médiocre ont été utilisées. De même, la proportion élevée de **cendres brutes** (8,2 %) garantit certes des selles fermes, mais surcharge en même temps énormément les reins (notamment en cas de prise simultanée de vitamines synthétiques). Cette proportion ne devrait pas dépasser 5 %.

Aucun vétérinaire ou presque, semble-t-il, ne prend la peine de remettre en question ces ingrédients. Seules les teneurs en protéines brutes et en graisses sont prises en considération. La majorité des vétérinaires ignore manifestement que des teneurs en protéines brutes et en graisses de 24 % pour les premières et de 10 % pour les secondes, par exemple, peuvent être atteintes en ayant recours à de vieilles semelles de chaussure et à de l'huile de moteur usagée. L'utilisation de ces « produits de bases » a été prouvée par des tests pertinents réalisés en laboratoire !

Lorsqu'un chien a les articulations malades comme notre Toby, il est fréquent que le vétérinaire conseille un aliment « spécial mobilité » (« Mobility »). Ce dernier est, quant aux ingrédients, de qualité tout aussi médiocre que l'aliment « light » analysé précédemment. L'adjonction d'un extrait de moule verte est mise en avant pour son indication dans le traitement des articulations malades.

La commission « Aliments diététiques, nutrition et allergie » de l'Institut fédéral de l'Évaluation des Risques, dirigée par le docteur Rolf Großklaus, a brandi en 2008 le carton rouge contre des messages publicitaires en lien avec une maladie qu'il considère comme inacceptables. Les belles promesses de nombreux fabricants de compléments alimentaires et ingrédients santé étaient visées et il fut entre autres interdit de qualifier d'efficace l'extrait de moule verte en cas de problèmes articulaires. L'attribution de ce carton rouge concerne l'alimentation des hommes, mais peut certainement s'appliquer aux animaux. La plupart des consommateurs ignorent que ces compléments ne sont soumis à aucune autorisation et ne font pas l'objet d'analyses visant à établir leur efficacité et leur innocuité. Quand on sait que les entreprises pharmaceutiques financent elles-mêmes les études qu'elles citent, les résultats ne veulent pas dire grand-chose. Quant aux études indépendantes, elles n'existent pas.

Les consommateurs que sont les propriétaires d'animaux sont bel et bien induits en erreur par l'industrie. On se contente d'ajouter aux aliments tout prêts, qui sont par eux-mêmes de qualité médiocre, certains ingrédients santé – dans notre exemple, de l'extrait de moule verte – dans le but de les revaloriser et de leur attribuer un semblant d'efficacité face aux problèmes articulaires. Les prix de ces aliments, ingrédient santé compris, que l'on ne peut se procurer, cela va de soi, que chez le vétérinaire, atteignent des sommets : un sac de quinze kilos au contenu médiocre peut, en fonction de la marque, dépasser les quatre-vingt-dix euros. Un beau miroir aux alouettes !

Les ingrédients santé ne sont pas nécessaires quand le chien est nourri naturellement. Revenons à la moule verte, à la glucosamine et à la chondroïtine. Ces deux dernières substances sont suffisamment présentes dans le cartilage et les os. Si sa nourriture en comprend, et cartilages et os font partie de l'alimentation d'un chien, l'animal n'a pas besoin de substitution sous forme d'ingrédients santé douteux. De même, la supposition selon laquelle « Si ça ne fait pas de bien, ça ne fait pas de mal non plus » n'est pas toujours juste. En effet, les sulfates de glucosamine peuvent amoindrir (pénicilline, chloramphénicol) ou amplifier (tétracycline) l'effet de certains antibiotiques. La glucosamine est également un sucre qui, en tant que tel, a dû être pris en compte dans l'alimentation des animaux diabétiques.

On assiste ici à la création d'un besoin qui n'existe pas. Comme chez les humains, on commence par monter en épingle un besoin, le plus souvent par l'intermédiaire des médias, avant de trouver dans la foulée le cachet correspondant et de le mettre sur le marché. Ce ne sont pas les exemples qui manquent dans le domaine des compléments alimentaires et des ingrédients santé. Chez les animaux aussi, le marché est en plein boom et on a du mal à s'y retrouver. Ces compléments, en particulier ceux contenant des vitamines de synthèse de plus en plus utilisées y compris chez les animaux domestiques, devraient, de manière générale, être employés avec précaution. Une absorption sans contrôle peut très bien se révéler nocive. Il n'existe malheureusement pas d'études indépendantes sur les compléments synthétiques destinés à nos animaux de compagnie. Chez l'homme, l'étude la plus connue, dite « ATBC », fut menée en Finlande et a consisté à donner à des fumeurs des préparations synthétiques de bêtacarotène. Le bêtacarotène est considéré comme un piégeur de radicaux libres que les fumeurs génèrent en grande quantité. L'étude a dû être interrompue en raison de la nette augmentation du nombre de fumeurs atteints d'un cancer du poumon après absorption du bêtacarotène.

Un excès de vitamines synthétiques peut donc faire de graves dégâts. La plupart du temps, l'ajout d'ingrédients santé dans les aliments pour animaux est absurde et superflu. Le fait que l'on ne puisse, par-dessus le marché, se procurer ces aliments avec compléments que chez le vétérinaire et sur prescription revient à se moquer des propriétaires contraints d'acheter à prix d'or quelque chose dont leur animal ne profite pas et qui peut même, dans le pire des cas, lui nuire. Les compléments, et surtout ceux contenant vitamines, minéraux, etc. sont en réalité des médicaments qui relèvent de la compétence du vétérinaire (conscient de ses responsabilités) et ne doivent être utilisés que de façon ciblée.

Et qu'est-il advenu de Toby ? Il n'a pas dépassé l'âge de sept ans et a finalement dû être euthanasié à cause de ses articulations fichues.

CHAPITRE 4

POURQUOI, ABUSIVEMENT VACCINÉE, LA CHATTE BETINA NE PUT EN RÉCHAPPER

Sens et non-sens des vaccinations annuelles

Quand Betina vient au monde dans une ferme, c'est une chatte magnifique aux longs poils noirs, au bout des pattes blanc et au front orné d'une étoile blanche. C'est à l'âge de sept semaines que Betina arrive dans sa famille qui l'accueille avec tendresse. Les trois enfants en particulier sont ravis de la présence de l'adorable bébé chat avec lequel ils jouent en permanence. Betina n'a pas le droit de sortir, c'est un pur félin de salon. Mais c'est sans importance, car les journées en famille sont bien remplies et suffisamment passionnantes. Bien sûr, Betina est vermifugée et reçoit tous les vaccins possibles à neuf semaines, comme il se doit. Pour l'immunisation de base, le vétérinaire habituel procède à une vaccination combinée contre le typhus, le coryza et la chlamydiose, associée à un vaccin contre la leucose féline. La première immunisation contre la rage est également réalisée. Un rappel de l'ensemble de ces vaccins est prévu dans un délai de trois à quatre semaines. La vaccination contre la PIF (péritonite infectieuse féline, qui ne touche que les chats) est recommandée à une date ultérieure.

À la question inquiète de Madame G. qui se demande si tant de vaccinations à la fois sont nécessaires et saines pour un pur chat d'appartement, la réponse est lapidaire : « Si vous voulez vraiment protéger votre chat contre toutes les maladies éventuelles, toutes sont vitales. De nos jours, les vaccins sont bien tolérés et dépourvus d'inconvénients. Et au cas où votre chat réussirait à sortir, on est paré contre toutes les maladies possibles, y compris contre la rage, d'autant qu'elle est aussi dangereuse pour l'homme. Mieux vaut donc jouer la carte de la sécurité et vacciner contre toutes les maladies pour lesquelles un vaccin existe, histoire de ne rien laisser au hasard. »

Madame G. se laisse convaincre et Betina reçoit tous les vaccins recommandés. Elle se présente ponctuellement avec le chaton pour tous les rappels et après un délai de deux mois, l'immunisation également en deux injections contre la PIF est entreprise. Entre-temps, Betina est régulièrement vermifugée, trois fois en tout. Madame G. apprend par le vétérinaire que, chez le chat, les vaccins ne font effet qu'un an et qu'elle devra venir chaque année pour les rappels. Très consciencieuse et ne voulant commettre aucun erreur, elle note soigneusement chaque échéance. Betina se développe très bien, elle est stérilisée à six mois et, les années qui suivent, elle reçoit les rappels prescrits. Tout va pour le mieux et la belle Betina, aussi démonstrative que câline, procure beaucoup de joie à sa famille.

Mais quand Betina atteint l'âge de six ans, Madame G. découvre, quelques semaines après la séance de rappels annuels, une tuméfaction dans son cou à l'endroit de l'injection. Très inquiète, elle la fait examiner par le vétérinaire. Il la tranquillise en lui disant qu'il s'agit là d'une réaction tout à fait normale au vaccin, qui peut parfois se produire et qu'on appelle granulome post-vaccinal. Au bout de quelques semaines, la tuméfaction prend l'aspect d'un nodule ferme, de la taille d'une noisette. Sur le conseil de son vétérinaire qui ne parle plus de granulome bénin, Madame G. fait faire un prélèvement qui est analysé en laboratoire. Le diagnostic est accablant : Betina a un sarcome malin, c'est-à-dire un cancer.

Le vétérinaire recommande de retirer chirurgicalement le sarcome sans attendre, ce que Madame G. accepte, étant donné que Betina n'a que six ans et a toujours été en excellente santé. Ses enfants aussi sont pour l'opération puisque, selon le vétérinaire, c'est la seule chance de sauver la chatte. Après l'opération, Betina ne va pas très bien, chaque mouvement la fait souffrir, si bien qu'elle reste toute la journée sans bouger dans un coin. Elle n'a pas vraiment appétit non plus et perd beaucoup de poids. Impossible de la déloger de son coin, rien n'y fait, même pas ses friandises préférées.

Au bout d'un certain temps, Betina finit quand même par aller mieux. Elle se rétablit à vue d'œil, se remet à bien manger et ronronne de plaisir quand on la caresse. La famille G. est pleine d'espoir ; c'est un succès, le cancer a manifestement été vaincu ! Malheureusement, non. Peu de jours après, Madame G. découvre un nouveau nodule sur Betina. Il est cette fois plus profond de quelques centimètres. La tumeur a repoussé ! Que faire ?

Le vétérinaire conseille une nouvelle opération. Mais Madame G., en citoyenne Dieu merci responsable et non paralysée de respect devant le « demi-dieu en blanc », ne se laisse pas convaincre une seconde fois. Elle se met à faire des recherches sur Internet, dans les livres et fait le tour de ses connaissances. Elle réalise rapidement plusieurs choses : Betina a reçu plusieurs vaccins, contre la rage et la leucose, avec adjuvant. Outre les adjuvants (solutions, émulsions ou mélanges physico-chimiques censés renforcer un vaccin), les vaccins en question contiennent comme conservateur du thiomersal, un composé de mercure hautement toxique.

Un sarcome post-vaccinal survient à partir d'une inflammation chronique à l'endroit de l'injection. Cette inflammation chronique est intentionnelle et massivement renforcée par l'adjuvant. Le phénomène est expressément souhaité dans le cas des vaccins dits inactivés, afin d'accroître la réponse immunitaire. Les vaccins dits vivants n'ont pas besoin de ces amplificateurs. L'inflammation chronique présente à l'endroit de l'injection disparait dans la plupart des cas, mais peut aussi évoluer vers un sarcome, une tumeur cancéreuse. Les cellules commencent à dégénérer, des cellules cancéreuses se formant à partir de cellules conjonctives.

Malheureusement, il n'existe pas de vaccin contre la rage sans adjuvant. La seule protection contre les sarcomes provoqués par le vaccin contre la rage consiste à vacciner le plus rarement possible ou à ne pas vacciner du tout, en particulier les purs chats d'appartement. En ce qui concerne la leucose, le typhus et le coryza, il existe désormais des produits sans adjuvant (Purevax, par exemple). Ces vaccins sont toutefois un peu plus chers à l'achat que la version courante avec adjuvant. De nombreux vétérinaires continuent d'affirmer que les sarcomes post-vaccinaux seraient causés par des injections mal faites (non pas sous la peau, mais dans la peau) ou par des impuretés présentes au moment de l'injection. Ce qui revient à dire que le risque de sarcome existerait lors de toute injection de médicament, ce qui n'est évidemment pas le cas !

Au cours de ses recherches, Madame G. apprend aussi que le degré de malignité des sarcomes est généralement élevé. Dans la région du cou précisément, la probabilité est grande, en raison de l'accès difficile, que le chirurgien ne puisse retirer l'ensemble du tissu tumoral. Le taux de récidive croît en conséquence et la tumeur repousse plus vite. Il est aujourd'hui recommandé, en raison de la fréquence des sarcomes, d'injecter les vaccins avec adjuvant dans la patte, celle-ci pouvant être amputée en cas de formation de sarcome. Il ne s'agit pas là d'une mauvaise blague, mais de la triste réalité.

Madame G. ne fait pas opérer Betina une seconde fois. La famille patiente quelques semaines de plus et refuse de la torturer davantage. La tumeur atteint en peu de temps la taille d'une orange, si bien que la peau tendue commence à se déchirer. Lorsqu'un liquide s'en écoule, la famille G. se résout, le cœur lourd, à délivrer Betina.

Jamais le vétérinaire ne s'abaissera à reconnaître que le développement du sarcome était dû aux vaccinations. Il continuera à s'en tenir à son schéma consistant à vacciner régulièrement tous les ans tous les chats – y compris d'appartement – contre la rage et la leucose. Il persistera aussi à effectuer les rappels annuels de la combinaison contre le typhus et le coryza.

Entre-temps, l'information concernant la dangerosité potentielle pour nos animaux domestiques des vaccins avec adjuvant a circulé dans le milieu vétérinaire. Et le fait que ces vaccins provoquent des sarcomes a été depuis scientifiquement prouvé. Aucun doute ne subsiste plus. Mais au lieu de réagir en fonction de ces connaissances et d'utiliser des vaccins sans adjuvant, on continue joyeusement, dans la plupart des cabinets, à administrer des vaccins avec adjuvant et à s'en tenir à des calendriers vaccinaux complètement dépassés, c'est-à-dire avec rappels annuels.

Je dois malheureusement avouer, qu'il y a encore quelques années, je procédais moi aussi à des rappels annuels. Moi aussi, durant des années, j'ai pris pour argent comptant les fausses informations délivrées par l'industrie pharmaceutique. Je ne fais pas exception. Aujourd'hui, je me reproche de ne m'être pas tournée plus tôt vers des sources d'information indépendantes. Pour ma défense, je suis néanmoins en mesure de prouver que je n'ai jamais vacciné contre la rage et la leucose de purs chats d'appartement.

Il va sans dire que la famille G. fut franchement choquée de réaliser que leur Betina avait été la victime docile de l'ignorance vétérinaire.

Maintenant, quelle fut l'erreur, d'un point de vue vétérinaire, dans le cas de Betina ? Qu'était-il possible d'éviter ? Une première chose : vacciner un authentique chat d'appartement contre la rage est vraiment une pure bêtise à visées exclusivement mercantiles. En effet, à combien estimez-vous la probabilité de croiser un renard enragé dans votre appartement ? Il se trouve en outre que l'Allemagne et l'Autriche, par exemple, sont indemnes de la rage (rage du renard) depuis des années, tout comme la France. La vaccination contre la rage n'est nécessaire que pour les chiens et les chats qui voyagent à l'étranger et il existe à cet effet des vaccins valides trois ans (Ordonnance européenne 998/2003), même si la protection persiste bien au-delà. En ce qui concerne l'immunisation de base, il suffit de pratiquer une seule injection et non pas deux comme ce fut le cas pour Betina, à l'image de ce qui se passe d'ordinaire dans les cabinets vétérinaires, malheureusement.

Un pur chat d'appartement n'a pas besoin non plus d'être vacciné contre la leucose. Le virus de la leucose féline ne se transmet que d'un individu à l'autre et ne tombe pas du ciel, pas plus qu'il ne s'attrape parce qu'un oiseau s'est posé sur la balustrade du balcon ou sur la terrasse. On ne peut pas non plus rapporter le virus sous ses chaussures à la maison, comme cela peut se produire pour le typhus.

Regardons maintenant ensemble les différentes maladies du chat contre lesquelles la vaccination est pratiquée de manière routinière.

Leucose : virus de la leucose féline (FeLV)

La leucose féline prend différentes formes de leucémie. Il s'agit d'une maladie cancéreuse du tissu lymphatique qui se manifeste dans un premier temps par une sensibilité accrue aux infections. Seuls devraient être vaccinés les chatons de moins d'un an qui ont le droit de sortir, et cela uniquement après un test sanguin ayant révélé que l'animal est indemne du virus. La leucose est surtout dangereuse pour les jeunes animaux ; plus ils grandissent, plus leur résistance contre une infection par la leucose s'accroît.

Selon le professeur Ronald Schultz qui compte parmi les spécialistes de l'immunologie vétérinaire les plus connus et les plus éminents au monde (Université du Wisconsin, États-Unis), quatre-vingt-dix pour cent des chatons sont infectés avant l'âge de trois semaines. À l'âge d'un an, le taux d'infection durable est inférieur à quinze pour cent. Plus un chat grandit, plus son système immunitaire est capable de se défendre en cas de contamination. L'immunité acquise par l'animal lui-même est bien plus efficace que celle induite par la vaccination. D'autre part, un chat même vacciné peut contracter la maladie, car en cas de contact permanent avec des animaux excrétant le virus, la vaccination même régulière ne protège pas.

Il n'existe pas d'études scientifiques portant sur la durée de la protection par le vaccin. Les recommandations des laboratoires pharmaceutiques sont donc purement arbitraires et dépourvues de fondement scientifique. On peut supposer que la protection vaccinale persiste bien au-delà d'un an. En considérant la capacité des chats de plus d'un an à se défendre contre le virus de la leucose, on peut s'interroger sur le sens du rappel annuel. Le risque de développer un sarcome post-vaccinal est en l'occurrence bien supérieur à celui d'être contaminé. Dans le cas de Betina, son système immunitaire a de surcroît été affaibli par les inutiles rappels annuels contre le typhus et le coryza.

Typhus

Le typhus est une affection virale qui s'accompagne d'une baisse radicale du nombre de globules blancs. C'est le tube digestif du chat qui est principalement touché. Lorsque la maladie se déclare, elle prend la forme de violents vomissements et de diarrhées. Chez le chaton, elle peut être fatale en très peu de temps. Tous les chatons devraient être vaccinés, y compris les chats d'appartement, puisque l'homme peut rapporter l'agent pathogène à la maison.

La protection par le vaccin est bonne et se maintient bien au-delà d'un an. Les scientifiques Scott et Geissinger ont montré dans leurs études portant sur la durée de l'immunité qu'après deux injections, les chats sont protégés pendant au moins sept ans et demi, les tests s'étant arrêtés là. D'éminents experts américains pensent même que la vaccination procure une protection à vie. Un rappel annuel n'est donc pas nécessaire. D'inutiles vaccinations contre le typhus ne font qu'exposer les chats aux risques d'effets secondaires sans augmenter leur protection. D'autre part, réaliser un dosage sanguin des anticorps ne sert à rien dans la mesure où la valeur du dosage ne renseigne pas sur la protection vaccinale. Un taux d'anticorps même très faible peut garantir une protection suffisante. Pour justifier les recommandations consistant en des rappels fréquents, le plus souvent annuels, les fabricants de vaccins se sont appuyés sur des dosages, puis ils ont arrêté de manière purement arbitraire la valeur en deçà de laquelle la protection vaccinale est censée avoir disparu. Pourtant, selon une étude menée par Michael R. Lappin (Professor of Small Animal Medicine, Colorado State University, 2002), la valeur du dosage mesuré n'est pas révélatrice de cette protection vaccinale. Des tests de résistance ont montré que des taux à peine détectables assuraient quand même une protection aux chats concernés. Les cellules dites mémoire jouent ici un rôle déterminant : elles sont capables de reconnaître les virus des années plus tard et d'entrer en action en cas de contamination. Ces cellules mémoire sont produites au moment de la vaccination, de la même manière que les anticorps, mais ne sont pas détectables par des techniques de laboratoire. Ceci vaut d'ailleurs pour toutes les vaccinations. Les dosages n'ont donc de sens que s'il s'agit de déterminer si les anticorps maternels sont encore présents chez le chiot ou le chaton, ce qui permet de fixer une date de vaccination optimale.

La prolongation à trois ans récemment proposée par certaines « commissions permanentes » officielles est, comme les rappels annuels, complètement arbitraire. Les études portant sur la durée de l'immunité réalisées par Scott et d'autres chercheurs démontrent qu'elle n'est pas nécessaire. L'immunisation de base en deux injections est amplement suffisante.

Coryza

Le complexe vaccinal comprend le plus souvent plusieurs composants : virus herpès, calicivirus, bactéries *bordetella* et chlamydias. Les vaccins contre le coryza ne démontrent pas d'efficacité particulière, surtout contre les calicivirus en constante évolution. Si la vaccination s'avère indispensable (cas des refuges en particulier), une immunisation de base consistant en deux vaccinations partielles suffit alors. Concernant le calicivirus, les chercheurs partent du principe que la vaccination favorise des souches particulièrement agressives, ce qui expliquerait la soudaine incidence disproportionnée de cette maladie dans les années quatre-vingt-dix. La meilleure protection dans les refuges reste l'hygiène, une bonne aération et un nombre d'animaux aussi restreint que possible. Par ailleurs, les animaux vaccinés peuvent eux aussi attraper le coryza. Comme dans le cas de la vaccination contre la grippe chez l'homme, cela s'explique par l'évolution constante des virus.

PIF (péritonite infectieuse féline)

La péritonite infectieuse féline est une inflammation du péritoine (la membrane qui tapisse l'abdomen et les viscères) causée par des coronavirus mutants. Les chats atteints ont de la fièvre, maigrissent beaucoup et présentent une ascite (accumulation de liquide dans l'abdomen). La maladie est presque toujours mortelle. Le vecteur est un coronavirus dont tous les chats ou presque sont porteurs, mais qui ne devient dangereux et ne peut provoquer les symptômes de la PIF qu'après mutation (modification génétique). Les chatons s'infectent à l'âge de quatre à six semaines, principalement au contact de leur mère. La plupart du temps, l'infection a une évolution bénigne ; cependant des mutants du virus se développent parfois avec une issue le plus souvent mortelle. En l'absence de preuve de son efficacité, la vaccination est à déconseiller ; les vaccins sont même soupçonnés de favoriser le déclenchement de la maladie. Étant donné que tous les chats ou presque (50 à 100 % en fonction des conditions de vie) sont déjà infectés par le coronavirus, la vaccination n'a de toute façon aucun sens. Même chez les chats indemnes du coronavirus, la protection est incertaine comme l'ont montré des études allemandes menées dans des refuges. Parmi vingt chats vaccinés, douze sont tombés malades, contre dix parmi vingt autres animaux non vaccinés.

En résumé, nous arrivons à la conclusion que notre Betina a bel et bien été vaccinée à mort. Combien de fois, ces derniers temps, ai-je abordé des confrères pour savoir si leurs habitudes vaccinales avaient changé depuis qu'ont été rendues publiques les données concernant les sarcomes post-vaccinaux et les preuves relatives aux durées de protection bien supérieures à un an. Difficile de le croire, pourtant presque tous ceux à qui j'ai posé la question directement continuent de vacciner comme avant ! Un petit nombre est quand même passé aux vaccins sans adjuvant. Les confrères continuent de se référer aux notices des fabricants de vaccins, selon lesquelles il n'existe pas d'homologations pluriannuelles pour les vaccins. Ce n'est pas tout à fait vrai puisque le Purevax par exemple, un vaccin sans adjuvant pour chat contre le typhus et le coryza, est homologué pour trois ans partout en Europe. L'association de vétérinaires allemande BPT (Bundesverband Praktizieren der Tierärztee.V.) recommande depuis peu de faire vacciner son animal tous les trois ans contre le typhus et tous les deux ans contre le coryza. Ces chiffres sont eux aussi arbitraires, mais ils constituent tout de même un progrès par rapport aux vaccinations ou mises à jour annuelles recommandées auparavant.

Comment expliquer ces divergences d'opinion sur la durée d'efficacité de divers vaccins ? Toute vaccination va de pair avec un dosage des anticorps. Le niveau que le taux d'anticorps doit atteindre pour offrir une protection suffisante a été fixé unilatéralement par les entreprises pharmaceutiques. Plus ce niveau est fixé haut, plus la vaccination est nécessaire. Le fait que le dosage vaccinal ne révèle rien ou pas grand-chose sur la réponse immunitaire d'un individu, mais permette uniquement de savoir s'il a ou non été vacciné, cadre mal dans les plans d'entreprises pharmaceutiques cherchant à réaliser des bénéfices. La vaccination entraîne la formation de cellules dites mémoire qui, bien que non détectables, jouent un rôle essentiel dans la réponse immunitaire. Leur mémoire persiste et elles sont capables d'entrer en action plusieurs dizaines d'année plus tard. Pensons aux vaccinations effectuées une ou deux fois chez nous humains et qui n'en restent pas moins efficaces à vie. Pourquoi en irait-il autrement chez les chiens et les chats ?

Ces éléments expliquent pourquoi on peut en arriver à des interprétations si différentes. Mais revenons à mes confrères : de l'ignorance complète au rejet des connaissances les plus récentes, en passant par des comportements agressifs face à toute critique (confraternelle !), la palette des réactions est large et je les ai toutes rencontrées. Il m'est facile d'imaginer comment ces vétérinaires se comportent avec les propriétaires d'animaux abordant avec eux la question des vaccinations et les problèmes associés. Certains d'entre eux me le racontent quand ils changent de vétérinaire et trouvent le chemin qui mène à mon cabinet.

Pourquoi en est-il ainsi ? Comme c'est si souvent le cas, l'aspect économique occupe le devant de la scène. « Je n'ai plus qu'à mettre la clé sous la porte si je ne vaccine plus que tous les trois ans et si je me contente des vaccinations de base. Les vaccinations sont la plus grosse part de mon gagne-pain. » Voilà ce que m'a récemment dit un confrère d'un certain âge. Cher confrère ! Que vous dire, sinon que si la vaccination annuelle est votre principale source de revenu, c'est sûrement que quelque chose est allé de travers dans votre cabinet.

Avons-nous le droit, nous vétérinaires, même en laissant de côté les questions de morale et d'éthique, d'effectuer des vaccinations inutiles qui peuvent même parfois s'avérer fatales (vaccin avec adjuvant), alors que nous sommes parfaitement au courant des risques ? Cela revient, par pur intérêt financier, à accepter en toute connaissance de cause le risque de porter préjudice aux animaux qui nous sont confiés et dont la protection nous incombe. Que l'on ne vienne pas me raconter, pour justifier les rappels annuels, que l'on se fie aux vieux schémas vaccinaux préconisés par l'industrie pharmaceutique pour le seul bien des animaux !

Il n'est pas difficile de persuader un propriétaire qu'il fait courir un danger à son animal s'il ne le fait pas vacciner régulièrement avec une formule du genre : « Si votre chien/chat tombe malade faute de protection vaccinale suffisante, vous serez le seul responsable. » C'est tout simplement déloyal, tant à l'égard du propriétaire que de son animal. Un pur business de la peur et de la mauvaise conscience !

Dans le cas qui nous occupe, celui de la chatte Betina, il est incontestable que la vaccination est en lien direct avec son cancer. Les cas de ce type ne sont malheureusement pas si rares. Selon les estimations du docteur Martin Kessler, spécialiste du cancer chez les animaux domestiques, la fréquence de développement d'un sarcome post-vaccinal chez les chats de huit ans et plus est de un cas pour mille. Il existe de nombreux autres effets secondaires dans le cas desquels le rapport direct avec la vaccination n'est pas identifié.

Voici maintenant quelques récits extraits d'un forum Internet animalier connu sur lequel des vétérinaires apportent leur soutien à des propriétaires en quête de conseils.

Marianne à propos de son chat Mikki :

Mon chat a eu une forte fièvre (40,5 °C) une semaine après la vaccination (typhus, coryza, leucose). Je redoute le rappel prévu pour la fin du mois. Dois-je recommencer étant donné que Mikki est un pur chat d'appartement ? Je crains qu'il ne soit allergique au vaccin.

Réponse des vétérinaires :

Si la fièvre n'est apparue qu'une semaine après la vaccination, il n'y a sans doute pas de rapport direct… Seuls des rappels réguliers protègent efficacement les animaux – y compris les chats d'appartement !

À la question de la propriétaire de plusieurs chats cherchant à savoir pourquoi les frais de vaccination contre la même maladie sont de vingt et un euros chez un vétérinaire et de soixante-neuf chez l'autre, la réponse est la suivante :

Impossible pour moi de vous recommander un vétérinaire aux tarifs avantageux mais, conformément au barème des honoraires, des prix différents sont possibles dans une certaine mesure pour l'acte de vaccination... Si ces sommes vous paraissent trop élevées pour une vaccination par an ou pour les vermifuges, que comptez-vous faire si votre chat non vacciné tombe malade ?

Susanna s'interroge sur la vaccination de ses animaux déjà un peu âgés :

Ces messieurs devraient tous être vaccinés en novembre. Jamy, le teckel, aura alors 1 an et 3 mois et mon chat Balou 10 ans. Ils seront évidemment vaccinés tous les deux. Mais en ce qui concerne mes deux autres chiens plus âgés, je ne suis pas très sûre de vouloir leur faire subir ça. Jacky a déjà 15 ans et Karamel 16, tous deux ont été vaccinés tous les ans jusqu'à maintenant. Ils sont encore en pleine forme, les analyses de sang n'ont révélé aucune maladie.

Réponse des vétérinaires :

Votre question est fondée, mais là non plus il n'y a pas de réponse universelle. Ce qu'il importe de savoir c'est entre autres si le chien âgé vit par exemple dans une grande ville et sort en promenade dans des endroits où beaucoup de chiens se rencontrent, ou bien s'il vit dans un environnement rural où les relations canines sont restreintes. Dans le premier cas, le risque de contagion est à mon avis trop élevé, précisément quand un chien prend de l'âge, pour renoncer à le vacciner... Par ailleurs, la fatigue liée à la vaccination est la plupart du temps surestimée et en cas de « gros » rappels, il est possible de les répartir en deux injections.

Continuer à vacciner de vieux chiens comme ceux-là, qui ont déjà été survaccinés par les rappels annuels, défie la raison. L'argumentation selon laquelle les chiens des grandes villes seraient plus menacés que les chiens vivant dans un environnement rural n'a d'autre but que d'affoler. Si une protection vaccinale existe, peu importe où se trouve le chien. D'autre part, les chiens vivant en ville sont de toute façon le plus souvent pluri-vaccinés. D'un point de vue professionnel, il n'est pas juste de recommander pour deux vieux chiens une vaccination superflue, la durée de leur protection vaccinale étant déjà bien supérieure à leur espérance de vie.

Pourquoi les rappels annuels sont-ils superflus ? Ne vaccine-t-on pas chiens et chats tous les ans depuis des dizaines d'année ? Pour quelle raison cette pratique serait-elle subitement mauvaise ? Ces questions nous amènent au cœur du sujet : combien de temps la vaccination protège-t-elle vraiment ? C'est à la suite de la vaccination contre la rage, obligatoire en cas de sortie du territoire (en clair de voyage à l'étranger), que s'est insinué le regrettable fléau du rappel annuel de toutes les vaccinations du chien et du chat.

Venons-en à chacune des maladies du chien cette fois, contre lesquelles il est courant de vacciner tous les ans.

Maladie de Carré

La maladie de Carré, infection virale, peut se manifester sous différentes formes. Les symptômes habituels sont un écoulement nasal et oculaire, une pneumonie et une diarrhée. La vaccination protège très longtemps. Les virus de cette maladie sont apparentés au virus humain de la rougeole. Les faits montrent qu'une immunisation de base en deux injections protège l'homme toute sa vie. L'idée qu'un rappel annuel puisse être nécessaire n'effleure personne. Auriez-vous l'idée de vous faire vacciner tous les ans contre la rougeole ? En Angleterre, des études à long terme ont prouvé que la protection contre la maladie de Carré persiste de longues années : les chiens étaient encore protégés contre les virus de cette maladie sept ans après la vaccination de base effectuée alors qu'ils étaient chiots. Cela ne signifie pas que la protection ne persiste que sept ans ; les études n'ont simplement pas porté sur des périodes plus longues. Il est donc probable que, comme chez l'homme, cette protection vaccinale soit suffisante pour la vie entière. Le professeur Ronald Schultz recommande de vacciner les chiens à partir de l'âge de douze semaines. Un contrôle du taux d'anticorps est effectué par la suite. S'ils sont présents en concentration suffisante, il n'est plus question de rappel et cela définitivement.

Parvovirose

Un virus similaire à celui du typhus du chat est responsable de la parvovirose, raison pour laquelle on l'appelle aussi « typhus du chien ». Il s'agit d'une maladie relativement fréquente qui peut s'avérer dangereuse, pour les chiots et les jeunes chiens en particulier. Les chiens se contaminent surtout au contact des excréments d'animaux infectés. Les principaux symptômes sont des diarrhées sanglantes et des vomissements. Comme pour la maladie de Carré, la vaccination protège très longtemps. L'immunisation de base est nécessaire, les rappels annuels ou trisannuels en revanche ne sont pas utiles puisqu'ils n'augmentent pas la protection vaccinale. Pour la parvovirose aussi, les tests de résistance réalisés ont conclu à une protection d'au moins sept ans. Il n'existe pas encore de tests portant sur des durées supérieures.

Hépatite

Cette inflammation du foie est transmise par des adénovirus. Elle se manifeste par de la fièvre, des vomissements, des diarrhées, des saignements et parfois aussi par des troubles neurologiques. Comme pour la maladie de Carré et la parvovirose, une immunisation de base est indiquée. Selon des études américaines, les anticorps vaccinaux persistent au moins neuf ans.

Leptospirose

Les agents pathogènes sont des bactéries transmises principalement par l'urine infectée de rongeurs (rats, souris, etc.). La plupart du temps, la maladie a une évolution bénigne, mais elle peut, dans les cas graves, occasionner des maux de ventre, des vomissements, de la fièvre, ainsi que des lésions rénales et hépatiques. La vaccination contre la leptospirose est très controversée. D'une part parce qu'elle a des effets secondaires importants, d'autre part parce qu'il arrive de plus en plus souvent que des chiens contractent des leptospiroses non couvertes par les vaccins. Ces derniers sont fabriqués à partir de bactéries tuées aux multiples effets secondaires, d'où leur surnom de « dirty vaccines » (vaccins sales). Certains éléments de ces bactéries tuées peuvent déclencher une réaction excessive du système immunitaire sous forme d'allergies et provoquer entre autres des lésions cérébrales. Aux États-Unis, seuls sont vaccinés les chiens exposés à un risque d'infection accru, parce qu'ils sont en contact avec des animaux sauvages par exemple. Le professeur Ronald Schultz ne vaccine pas ses chiens contre la leptospirose, considérant que le vaccin peut faire bien plus de tort que de bien.

Toux du chenil

La toux du chenil est causée par différents agents pathogènes, de nature tant virale que bactérienne. Le vaccin contre l'hépatite agit contre l'adénovirus de type 2, l'adénovirus de type 1 est contenu dans beaucoup de vaccins combinés et il existe, pour les chiens à risque, un vaccin contre l'agent bactérien *Bordetella bronchiseptica* à instiller dans le nez. C'est dans les refuges principalement, là où les chiens vivent en promiscuité, que la toux du chenil est un problème. Elle concerne autant les chiens en bonne santé que les malades. Souvent, la vaccination ne peut pas empêcher l'infection, mais seulement l'affaiblir. La toux du chenil ne met généralement pas la vie en danger et la vaccination n'est donc pas nécessaire pour les chiens vivant dans des conditions normales.

Virus herpès

Les virus herpès peuvent avoir pour conséquences des avortements, la venue au monde de chiots mort-nés ou mourant précocement. La vaccination n'est utile que pour les chiennes pouvant faire des petits, mais ne présentant pas d'anticorps. Dans ce cas, on procède à deux injections, la première sept à dix jours après la saillie, la seconde environ une semaine avant la date de mise bas.

Borréliose

La pertinence de cette vaccination fait débat, notamment parce que le vaccin n'est efficace que contre une espèce de borrélie (*Borrelia burgdorferi sensu stricto*) très peu répandue chez nous. Sous nos latitudes, on rencontre surtout les espèces *Borrelia burgdorferi garinii* et *afzelii*, mais elles ne sont pas contenues dans le vaccin. Moins de cinq pour cent des chiens infectés par des tiques tombent malades. L'utilité d'une vaccination contre la borréliose est donc tout à fait négligeable. On soupçonne en outre le vaccin de déclencher une arthrite chronique chez les animaux génétiquement prédisposés. La plupart des vétérinaires conseillent toutefois en toute bonne conscience de vacciner. Ils reprennent sans réserve les recommandations de l'industrie pharmaceutique, le risque de contracter la borréliose étant largement exagéré.

Nous pouvons retenir en résumé que la protection vaccinale contre les maladies virales telles que la parvovirose, la maladie de Carré ou l'hépatite persiste bien au-delà d'un an. Le professeur Marian C. Horzinek de l'université d'Utrecht, virologue renommé, spécialiste des animaux domestiques, se prononce dans le sens d'une immunité à vie, notamment pour la maladie de Carré, quand l'animal a été vacciné chiot. En revanche, il semble que la durée de protection contre les maladies déclenchées par une bactérie, comme la leptospirose et la toux du chenil, soit inférieure à un an. Ces maladies se soignent bien ; l'efficacité des vaccins correspondants est, elle, hautement controversée. Le risque d'endommager durablement le système immunitaire est ici trop important en regard d'une vaccination préventive à l'intérêt discutable. Le professeur Ronald Schultz recommande quant à lui de vacciner les chiens une à deux fois quand ils sont chiots puis d'arrêter. La vaccination contre la rage devrait être effectuée tous les trois ans, uniquement si des séjours à l'étranger sont prévus.

Citons maintenant les propos de professeurs reconnus sur le thème de la vaccination.

Professeur Alice Wolf (Texas A & M University, Austin, *Veterinary Proceedings*, 1998) :
On ne revaccine pas chaque année enfants et adultes et on ne procède pas non plus au dosage des anticorps permettant de vérifier si la protection est adaptée. L'expérience a montré qu'elle l'est. Les vaccins humains ne sont pas différents des vaccins animaux ; de même, le système immunitaire du chien et du chat n'est pas différent de celui de l'homme.

T.R. Philipps/R.D. Schultz (*Kirk's Current Veterinary Therapy*, 1992) :
Procéder à des rappels annuels est une pratique adoptée depuis de nombreuses années en l'absence de validation ou de justification scientifique. A de rares exceptions près, il n'existe aucune nécessité immunologique à revacciner tous les ans. L'immunisation contre les virus persiste plusieurs années, voire toute la vie de l'animal. Une vaccination efficace contre la plupart des agents pathogènes bactériens crée une mémoire immunologique qui persiste des années et permet à l'animal de produire une réponse anamnestique protectrice lorsqu'il est exposé à des agents pathogènes virulents…

Professeur Roland Friedrich, virologue à l'université de Gießen (tribune auprès d'une commission d'experts) :
« Les vaccinations annuelles sont superflues. »

Professeur Uwe Truyen (Interview pour le magazine canin *Der Hund*) :
La vaccination contre la leptospirose devrait être évitée… Je considère également la vaccination contre la toux du chenil comme inutile. Ce qui est déterminant pour la protection, ce n'est pas la vaccination, ce sont les conditions de vie.

Mais quasiment personne, semble-t-il, n'a intérêt à reconsidérer scientifiquement la pratique habituelle des rappels annuels de vaccination : ni, malheureusement, les vétérinaires qui rechignent à faire une croix sur l'une de leurs principales sources de revenus, ni l'industrie pharmaceutique, dont aucune critique n'est à attendre. Quant aux écoles vétérinaires, rien ne les pousse à remettre en cause la validité du schéma vaccinal. Entreprendre des études demande du temps, du travail et a un coût, or les moyens financiers disponibles pour ces recherches sont à peu près inexistants.

Quels sont donc, face à des propriétaires critiques, les arguments des vétérinaires en faveur des vaccinations annuelles, soi-disant indispensables ? La liste est longue et extravagante. Cela peut consister, comme nous l'avons déjà vu, à susciter la peur d'une infection faute de protection suffisante ou encore à faire ressortir de soi-disant épidémies. La défiance à l'égard d'études conduites aux États-Unis sert aussi de prétexte à beaucoup de confrères. Même si nous ne sommes plus obligés de nous fier uniquement à des études américaines puisque des universités allemandes (celle de Gießen entre autres) adhèrent désormais aux recommandations américaines.

L'argumentation selon laquelle les vaccinations annuelles ont contribué à enrayer de graves maladies comme la parvovirose et la maladie de Carré n'est pas acceptable. Ce n'est pas le rappel annuel, mais la vaccination de base par elle-même qui est à l'origine d'une moindre fréquence de ces maladies. La protection vaccinale n'est **ni prolongée ni renforcée** par le rappel annuel. Cette affirmation est une pure invention de l'industrie pharmaceutique. Il n'est pas correct non plus d'un point de vue professionnel, même si cette mauvaise habitude est courante, de renouveler l'immunisation de base du chien ou du chat en cas de dépassement de l'intervalle d'un an entre deux vaccins. Comme si la protection disparaissait un bout d'un an pile ! La réglementation spéciale applicable uniquement à la rage pour les chiens et les chats qui voyagent est effrontément transposée à toutes les autres maladies. Vétérinaires et industrie pharmaceutique se frottent les mains : les premiers pour leur escarcelle, la seconde pour ses actionnaires !

La meilleure protection contre les maladies graves, pour les chiens comme pour les chats, est d'abord une immunité stable. Elle s'acquiert au moyen d'immunisations de base pertinentes, de meilleures conditions de vie et d'une alimentation appropriée à l'espèce. Les vaccinations n'agissent pas différemment des médicaments or, en médecine vétérinaire comme en médecine humaine, il n'existe pas de medicament **sans** effets secondaires !

En matière de vaccination, quels sont les effets secondaires les plus graves ?

Parlons d'abord des réactions du système immunitaire et notamment du choc anaphylactique. Il s'agit de la forme la plus grave de réaction allergique ; elle touche les organes vitaux et son issue peut être mortelle en cas d'arrêt circulatoire.

Des œdèmes, des affections cutanées, des démangeaisons et des maladies auto-immunes (y compris thyroïdiennes) peuvent en outre se produire, de même que des diarrhées et des vomissements, ou encore des maladies du système nerveux, des inflammations des nerfs, des paralysies et bien sûr des sarcomes post-vaccinaux tels que décrits plus haut.

Si ces sarcomes apparaissent toujours à l'endroit de l'injection ce qui rend leur cause facile à diagnostiquer, il n'est la plupart du temps pas si simple, en présence d'une autre maladie, d'établir un rapport direct avec la vaccination. Avec le recul, je peux me permettre de dire que certains propriétaires m'ont raconté que l'affection de leur chien ou de leur chat était apparue peu après la vaccination ou que, chaque année après le rappel, leur animal avait changé de telle ou telle manière. Si, par le passé, je n'ai pas pris ces récits très au sérieux, j'ai parfaitement conscience aujourd'hui qu'une vaccination inappropriée peut provoquer certains symptômes et notamment des allergies.

Nous, vétérinaires, devrions aussi nous poser des questions au sujet des nombreux troubles hormonaux, au premier rang desquels les pathologies de la thyroïde de plus en plus fréquentes de nos jours. Et au lieu de prescrire des médicaments toujours nouveaux et soi-disant meilleurs, nous devrions nous consacrer davantage à la prévention, en faisant par exemple un usage plus responsable des vaccins. Un nombre incalculable de maladies sont « faites maison ». Nous, vétérinaires, n'avons pas la moindre idée, malheureusement – ou peut-être Dieu merci –, des pathologies dont nous sommes finalement nous-mêmes responsables.

Aux propriétaires qui souhaitent prendre en main la santé de leur animal, je suggère le schéma vaccinal ci-contre, brièvement résumé.

POUR LES CHATS

• Chats d'appartement

Vacciner **uniquement contre le typhus**.

Immunisation de base (vaccin sans adjuvant Purevax, par exemple), à savoir vaccination en deux injections du chaton. Si le chat a plus de seize semaines lors de la primo-vaccination, une seule injection suffit. En effet, contrairement à ce qu'affirment de nombreux vétérinaires, l'immunité persiste à vie.

• Chats autorisés à sortir

Vacciner contre le typhus comme décrit ci-dessus.

Coryza : la vaccination ne protège pas de l'infection, elle atténue seulement les symptômes. Ici aussi, la vaccination en deux injections du chaton fait effet très longtemps, si ce n'est à vie. Les rappels n'augmentent pas la protection. Il est probable qu'ils n'apportent rien non plus dans les refuges. Mieux vaut veiller à l'hygiène et à l'absence de stress.

Leucose : utile seulement chez le chaton et le jeune chat. Immunisation de base (deux injections) ici aussi. La protection persiste à vie. Tester les nouveaux arrivants au sein de groupes de chats d'une certaine taille. Primo-vaccination en deux injections également pour les chats plus âgés. En cas de cohabitation étroite et permanente avec des congénères infectés par la leucose, la vaccination ne protège pas toujours.

Rage : ne vacciner qu'en cas d'absolue nécessité (séjour à l'étranger). Utiliser alors un vaccin quadriennal (Vanguard R et Enduracell R[5]). Il n'existe pas de vaccin sans adjuvant.

5 Rappel tous les quatre ans autorisé uniquement en Belgique pour le Vanguard R, rappel annuel en France pour les deux marques, selon la note de service DGAL/SDSPA/N2008-8096 en date du 24 avril 2008 du ministère de l'Agriculture et de la Pêche, Bureau de l'identification et du contrôle des mouvements des animaux (NDT).

• **Vaccinations à l'intérêt réduit ou inexistant chez le chat**

PIF (péritonite infectieuse féline) : le risque de déclencher la maladie est le plus souvent majoré par la vaccination.

Chlamydiose : les chlamydias sont contenues dans de nombreux vaccins combinés pour chats. L'effet protecteur est mauvais et le risque d'effets secondaires est élevé.

Mycoses : le vaccin récemment arrivé sur le marché est censé accélérer la guérison des mycoses chez le chat. On retrouve très souvent ce vaccin quand des effets secondaires sont rapportés. Les facteurs de risque sont avant tout le stress et la cohabitation dans un espace restreint. Des conditions d'hygiène suffisantes sont dans tous les cas plus efficaces qu'une vaccination à l'intérêt discutable. Les expériences rapportées par les propriétaires avec ce vaccin sont majoritairement négatives.

POUR LES CHIENS

Seules sont utiles pour le chien les vaccinations contre la **maladie de Carré**, l'**hépatite**, la **parvovirose** et, si nécessaire, la **rage**. Tous les chiens devraient bénéficier d'une immunisation de base contre ces maladies. Elles n'existent certes quasiment plus, mais les vaccinations correspondantes sont importantes en protection contre les chiots, issus d'élevages massifs sans scrupules, qui sont vendus à proximité des autoroutes et pourraient apporter ces maladies jusque chez nous. Une immunisation en deux injections effectuée chez le chiot suffit à assurer une protection à vie. La plupart du temps, les vétérinaires n'ont en stock que des vaccins combinés. Les vaccinations dirigées contre sept ou huit affections sont généralement à déconseiller. Il existe un vaccin combiné contre la maladie de Carré, l'hépatite et la leptospirose. Cette dernière est à part et peut être remplacée par de l'eau distillée.

Une précision concernant la vaccination contre la rage : le risque d'infection est extrêmement faible. Mais les personnes qui voyagent à l'étranger doivent faire vacciner leur chien. Il existe toutefois un vaccin homologué pour trois ans (Madivac[6]). Le vaccin contre la rage ne devrait jamais être administré en même temps que d'autres vaccins et les chiots ne devraient être vaccinés qu'à partir de l'âge de six mois environ (après la sortie des dents définitives).

- **Vaccinations à l'intérêt réduit ou inexistant chez le chien**

Leptospirose : les vaccins, si toutefois ils protègent, ne le font que contre deux espèces de leptospires. Le risque d'effets secondaires est très important.

Borréliose : le vaccin est à peu près inutile puisqu'il n'agit que contre des borrélies très rares chez nous. Le vaccin administré, à cellules entières, a de nombreux effets secondaires.

Toux du chenil : elle est provoquée par beaucoup d'agents pathogènes différents, d'où l'intérêt limité de la vaccination.

Coronavirus : on vaccine facilement contre les coronavirus ces derniers temps, le vaccin étant censé protéger des diarrhées. L'infection évolue de manière très bénigne en regard des effets secondaires. L'effet protecteur est contesté par les experts.

Que faire si votre vétérinaire insiste pour effectuer les rappels annuels ? Le mieux consiste évidemment à changer de vétérinaire. Et si tous les vétérinaires proches de chez vous sont sur la même ligne ? Vous n'êtes **pas obligé(e)** de faire vacciner votre animal, voici tout ce que je puis vous dire. Vous êtes **libre de décider** de ce qui sera fait à votre chien ou à votre chat. Ne vous laissez pas intimider par le premier argument cousu de fil

6 Non disponible en France (NDT).

blanc venu. Essayez plutôt de demander à votre vétérinaire s'il se fait vacciner tous les ans contre la rougeole, les oreillons et la rubéole !

Pour clore ce chapitre, permettez-moi de vous raconter une dernière histoire tirée de ma propre expérience.

Madame A. était la propriétaire de Dora, chienne labrador de seize ans. Dora était déjà passablement fragilisée par l'âge, sans compter ses articulations arthrosiques et ses reins malades. Quand elle se levait encore, elle ne se déplaçait plus qu'à l'allure de l'escargot. En 2009, Madame A. dut soudain se rendre en Italie accompagnée de Dora. Faute de pouvoir me joindre, elle se rendit chez un confrère du secteur, afin que soit effectuée la vaccination obligatoire contre la rage. Dora avait été régulièrement « pourvue » au moyen d'un vaccin octovalent administré tous les ans, donc seize fois en tout au cours de sa vie de chien. Après avoir consulté le carnet de vaccination, le vétérinaire donna son avis : « Il serait raisonnable de tout faire. L'échéance est dépassée pour toutes les maladies. » La vieille Dora, bien que château branlant à l'espérance de vie très limitée, dut donc subir une fois de plus une vaccination dirigée contre huit maladies. Une semaine plus tard, je dus euthanasier Dora en raison d'une défaillance rénale aiguë.

Madame A. fut à ce point sidérée qu'elle ne trouva pas la force d'aller se plaindre auprès du confrère. Mais l'amertume est restée, cela va de soi.

Permettez-moi enfin, chers lectrices et lecteurs, d'attirer votre attention sur le fait que les vaccinations qui sont censées supprimer les épizooties peuvent en réalité les favoriser.

L'inefficacité et la dangerosité simultanée de certaines vaccinations dites préventives trouvent leur illustration la plus claire dans l'évolution de la fièvre aphteuse. Jusqu'en 1992, la vaccination était obligatoire contre cette maladie qui, outre la maladie dite de la vache folle, est considérée comme l'épizootie la plus dangereuse et la plus contagieuse pour les ruminants et se manifeste par des ulcères au niveau de la gueule et des onglons. Tous les bovins âgés de plus de quatre ans devaient être vaccinés tous les ans contre la fièvre aphteuse. En comparant l'évolution de l'épizootie dans les pays avec et sans obligation vaccinale, il fut possible de constater sans ambiguïté qu'elle se répandait nettement plus vite dans les pays avec obligation vaccinale que dans les payssans obligation vaccinale. Depuis 1991[7], il n'est plus permis de vacciner contre la fièvre aphteuse en Allemagne et en Autriche. L'importation d'animaux vaccinés est également interdite. Avec quel résultat ? Aucune épizootie ne s'est reproduite dans ces deux pays depuis lors !

Il en est de même chez l'homme où des vaccinations de masse, comme celles contre la diphtérie ou rougeole, ont empêché la disparition des épidémies. Les flambées de diphtérie en Russie, un pays bien vacciné, et de polio dans treize pays considérés comme particulièrement bien vaccinés montrent que ce qui vaut pour les animaux vaut aussi pour l'homme : la vaccination protège tant que la contagion est impossible. Mais si une épidémie se déclare, vaccinés et non-vaccinés tombent malades de la même manière. L'éradication des maladies contre lesquelles on vaccine, est précisé-

7 Les principaux partenaires de l'Union européenne ayant anticipé la date d'arrêt (la vaccination prophylactique contre la fièvre aphteuse a été interdite dans l'ensemble de l'Union à partir du 1er janvier 1992), le ministre français de l'Agriculture et de la Forêt a décidé d'interdire la vaccination antiaphteuse chez toutes les espèces animales par arrêté interministériel en date du 29 mars 1991 – JO Sénat du 11/07/1991 (NDT).

ment empêchée par cette vaccination. (Voir : *Impfen – Das Geschäft mit der Angst*[8] du Dr G. Buchwald, un livre à recommander dont la lecture fait sérieusement réfléchir, en particulier sur les préjudices liés à la vaccination chez les enfants[9]).

La citation qui suit est extraite de ce même livre (Préface du Dr Jürgen Birmanns) :

Il n'est pas étonnant que les pédiatres réclament une obligation vaccinale. L'obligation vaccinale généralisée fut abrogée en Allemagne en 1983. Les notions de recul de la couverture vaccinale ou de lacunes vaccinales sont des armes psychologiques visant à intimider et à stigmatiser les parents critiques à l'égard des vaccins. Le fait qu'une personne majeure à l'esprit libre prenne position en toute connaissance de cause contre une intervention médicale risquée doit être respecté. Qui fait de la recherche sans idées préconçues sait que les maladies ont des causes. Elles sont liées soit à l'alimentation, soit au mode de vie, soit à l'environnement. Il est paradoxal, avec en arrière-plan ce constat lucide, que des chercheurs soient en train de développer des vaccins contre le cancer du col de l'utérus, l'hypertension, l'obésité et la dépendance à la nicotine… La vaccination massive de personnes en bonne santé est très préoccupante. Les médecins feraient mieux de s'investir dans la prévention primaire.

Fin de citation.

Il y a fort à parier que la mise au point de vaccins vétérinaires contre des maladies telles que l'obésité ne tardera pas à venir sur le tapis…

8 *Vaccination – Le business de la peur*, non traduit en français (NDT).

9 Vous pouvez aussi lire *Vaccins, mensonges et propagande* de Sylvie Simon (Thierry Souccar Éditions, 2013) (NDE).

CHAPITRE 5

POURQUOI LA CHIENNE DOBERMAN SANDRINA DÉTRUIT LE MOBILIER

« Pilules du bonheur » et autres psychotropes pour chiens et chats

SANDRINA EST UNE CHIENNE DOBERMAN ISSUE D'UN ÉLEVAGE réputé et prospère. La famille B., nouvelle propriétaire de la jeune Sandrina, a toujours eu des chiens et s'y connaît bien en grandes races, tant en matière d'éducation que de conditions de vie. Elle n'a par conséquent jamais connu, avec ses précédents chiens, le moindre trouble du comportement, la moindre conduite étrange. Mais avec Sandrina, c'est une tout autre affaire !

Chiot déjà, Sandrina est d'une vivacité et d'une fougue inhabituelle. Impossible ou presque de la maîtriser et de la fatiguer.

Les enfants de la famille se relaient pour occuper la chienne en permanence et contrôler un tant soit peu son trop-plein d'énergie. À six mois, Sandrina n'est toujours pas propre. Quand elle est en liberté, elle est tellement occupée à ce qu'elle fait et distraite par son environnement qu'elle en oublie, semble-t-il, de faire ses besoins. Après ces promenades qui n'en finissent plus, elle se soulage en rentrant dans le salon, au beau milieu du tapis : la grande classe ! Que ses maîtres la grondent, la saisissent par la nuque et la secouent comme le ferait une mère avec ses chiots désobéissants, ou encore la punissent en l'ignorant quelques minutes comme le conseille n'importe quel livre d'éducation canine sérieux, rien ne marche. Sandrina a l'air d'être immunisée contre toute mesure éducative. Elle semble d'autre part curieusement incapable d'entrer en relation, d'établir un contact direct avec les membres de sa famille. Les rares fois où elle n'est pas déchaînée, elle semble bizarrement détachée, absente. Sandrina n'apprécie pas non plus d'être sur les genoux ou dans les bras de ses maîtres, adultes ou enfants ; cela lui est visiblement très désagréable. Mais elle est incapable de rester seule : aucune chaise, aucune table n'est assez haute pour l'empêcher de sauter par-dessus et les traces de son affolement dans le foyer dévasté de la famille B. sont impressionnantes. Une partie du mobilier s'en souvient encore. Entre-temps la famille B. a éliminé tous les tapis. Sandrina s'est elle-même chargée de faire disparaître les rideaux et de détruire tous les coussins du canapé.

À l'école du chien qu'elle fréquente, elle ne tarde pas à être mise à l'écart. Elle dérange autant les maîtres que les autres élèves. Impossible de la tenir en laisse. Elle saute comme un cabri, aboie sans arrêt et terrorise tout son entourage. Elle finit par prendre des cours particuliers, puisqu'elle est incapable de se soumettre et qu'elle rend tout le groupe de chiens nerveux par son comportement débridé. Les cours particuliers recommandés par l'association canine non seulement reviennent cher à Madame B. et à sa famille, mais ils ne servent à rien. Le comportement de Sandrina ne s'améliore pas. C'est une pure perte de temps et d'argent !

Madame B. a déjà élevé plusieurs chiens qui l'ont accompagnée de longues années. Ce qui la peine particulièrement, c'est l'absence totale d'intérêt de Sandrina à son égard. Alors que tous les chiens qu'elle a eus réagissaient au son de sa voix, savaient parfaitement quand elle s'adressait à eux ou quand ils avaient fait quelque chose de mal et qu'il y avait de l'orage dans l'air, Sandrina à l'inverse ne réagit à rien. L'interaction sensible, si importante sur le parcours éducatif récompensé par un compagnon à quatre pattes acceptable, est inexistante avec Sandrina. Qui elle a autour d'elle lui est parfaitement égal. Seule compte l'action !

Madame B. et les membres de sa famille sont très affligés par leur chienne. Alors qu'avec les chiens précédents les enfants se disputaient la permission d'aller les promener, avec Sandrina plus personne ne se propose. Il faut dire que chaque promenade vire au supplice : Sandrina tire sur sa laisse, aboie à tort et à travers, saute sans arrêt dans tous les sens et n'écoute rien. Il n'est pas question de la détacher puisqu'elle ne répond à aucun ordre et en profite pour détaler comme une folle. Madame B. a déjà dû à plusieurs reprises la récupérer au refuge ; visiblement désorientée, elle avait disparu avant d'être rattrapée par des passants qui l'y avaient déposée.

Elle a peut-être un problème de santé, se dit Madame B. qui décide de la faire examiner par un vétérinaire. L'examen vire au cauchemar, tant pour la maîtresse et la chienne que pour le vétérinaire. Sandrina fait la folle, ne cesse d'aboyer et saute d'un bout à l'autre du cabinet comme s'il s'agissait d'un espace de jeu. Seule une anesthésie permet de faire des examens approfondis et une prise de sang. Madame B. a pensé à apporter un échantillon de selles car Sandrina a parfois tendance à avoir des diarrhées et des ballonnements.

D'après le vétérinaire, les résultats des analyses de selles et de sang ne signalent rien d'anormal et sinon, Sandrina se porte comme un charme. « Elle est peut-être un peu speed et craintive, dit le vétérinaire, mais ça passera tout seul en grandissant et avec l'éducation qu'il faut. » Son conseil : trouver enfin une école du chien « convenable ».

Contre les troubles digestifs occasionnels se traduisant par des diarrhées, des ballonnements et de fréquents rots et parce qu'elle a en permanence un appétit d'ogresse (Sandrina mange de la terre et des crottes de chien, y compris les siennes !), le vétérinaire prescrit un antibiotique pour une semaine et, pour l'empêcher de manger ses crottes, un mélange de minéraux et des comprimés de vitamines. « Beaucoup de chiens ont les mêmes problèmes, précise-t-il, ce sont des symptômes de carence sans rapport avec son comportement. » Il n'attribue ses problèmes de comportement qu'à des erreurs éducatives commises par la famille B. Madame B., saisie par le doute, se renseigne auprès d'autres écoles du chien et obtient toujours la même réponse : mauvaise éducation !

Le vétérinaire ne pose aucune question sur l'alimentation. Or, il se trouve que Sandrina mange une nourriture industrielle depuis qu'elle est chiot.

Madame B. a mauvaise conscience et se culpabilise ainsi que sa famille. Mais qu'a-t-elle bien pu faire de travers ? Elle n'a pourtant pas éduqué Sandrina différemment de tous ses autres chiens. Elle aura bientôt un an et son comportement empire. Plus personne ne prend plaisir à sa compagnie qui est plutôt une énorme charge pour toute la famille. Elle n'est toujours pas propre ; c'est comme si elle ne faisait pas la différence entre l'intérieur et l'extérieur.

La famille B. décide de confier Sandrina à un professionnel expérimenté en coaching individuel. Il prend la chienne sous son aile et le coaching intensif commence. Toute la famille doit participer aux exercices pour suivre une ligne cohérente. À en croire le coach, tout a été fait de travers. Il aurait fallu éduquer autrement un chien aussi puissamment guidé par ses pulsions. Le plus important est donc la mise en place de journées au planning régulier et cohérent.

Quelque temps plus tard, Sandrina est certes à peu près propre, mais son hyperactivité, son absence d'intérêt à l'égard de ses proches, son incapacité à se concentrer sur quoi que ce soit de précis et ses accès de fureur destructrice sont restés les mêmes. Le long coaching de plusieurs semaines s'avère vain et le coach finit par ne plus savoir comment s'y prendre non plus. Il a pourtant réussi sans problèmes, dit-il, en usant de patience, de cohérence, d'astuces pratiques, et au moyen de petites séquences de coaching progressives, à intégrer tant de chiens dans le quotidien de leur famille. Il précise qu'il travaille selon la méthode du coach canin Martin Rütter appelée « DOGS » (pour Dog Orientated Guiding System), qui lui permet d'obtenir de bons résultats la plupart du temps. Pourquoi pas avec Sandrina ?

Désespérée, la famille B. finit par se demander si elle ne doit pas se débarrasser de Sandrina, mais avant elle veut interroger un nouveau vétérinaire et faire examiner sérieusement la chienne une nouvelle fois. La bonne santé de Sandrina est confirmée. Le vétérinaire a toutefois une autre idée. Il précise qu'il existe désormais un aliment prêt à l'emploi pourvu d'additifs à l'action tranquillisante. Il a été spécialement conçu pour ce genre de chiens actifs et nerveux à outrance. Son nom : « Calm Stress management » pour chiens et chats. En voici la description :

Calm est la première nourriture au monde enrichie en alpha-casozépine et en L-tryptophane, régulateurs naturels du stress... Il est prouvé que ces régulateurs présents dans la composition scientifiquement mise au point de Calm sont efficaces pour compenser le stress chez les chiens et les chats. Des suppléments de nutriments sélectionnés agissent simultanément contre les problèmes associés au stress tels que le manque d'appétit, les troubles de la digestion et les pathologies de la peau et du pelage... Par rapport aux préparations tranquillisantes administrées oralement, la fastidieuse prise de médicament est épargnée et l'effet souhaité est obtenu par l'intermédiaire de la nourriture quotidienne.

Ce sont là les propos utilisés pour promouvoir cet aliment. Il n'est évidemment disponible que chez le vétérinaire et son prix est à l'avenant. « On va l'essayer, conseille le vétérinaire, et si ça ne marche pas, il existe un médicament, le Reconcile. C'est un tranquillisant pour chien qui agit de la même manière que la Ritaline chez les enfants hyperactifs. » La famille B. qui est prête à se raccrocher à n'importe quelle branche, achète l'aliment en question et prend aussi sans attendre une boîte de Reconcile. Cette préparation existe sous forme de comprimés à mâcher au goût de viande de bœuf. *Au cas où*, se dit Madame B., *si jamais les croquettes ne font pas effet...*

Les croquettes Calm contiennent de l'alpha-casozépine et du L-tryptophane. L'alpha-casozépine renforce l'activité d'un neurotransmetteur (acide γ-aminobutyrique, GABA en abrégé) qui a un effet inhibiteur sur le stress et l'angoisse. L'alpha-casozépine est un composant protéique issu du lait. Il s'agit de l'une des rares substances naturelles capables d'influer sur le taux de cortisol et de lutter contre l'anxiété. L'alpha-casozépine compte parmi les ingrédients de produits dopants autorisés (Vapronol T6) qui promettent aux sportifs de haut niveau et amateur d'atténuer le stress lié à la compétition et aux entraînements intensifs, et de raccourcir la phase de récupération après l'effort. Le tryptophane est lui aussi une protéine d'origine animale, précurseur de la sérotonine, un autre neurotransmetteur qui rétablit l'équilibre et la détente. Sans sérotonine, rien ne fonctionne dans le cerveau ; elle est aussi couramment qualifiée d'« hormone du bonheur ». Une carence en sérotonine entraîne une modification des modèles de comportement : manque de maîtrise de soi, de concentration et sensibilité accrue au stress.

Le L-tryptophane artificiel n'est délivré en Allemagne pour le traitement des pathologies dépressives que sur prescription médicale ; les médicaments contenant du tryptophane et présentés comme des somnifères et tranquillisants légers sont quant à eux disponibles sans ordonnance. En Autriche et en Suisse, il faut systématiquement une ordonnance pour obtenir du L-tryptophane. Les effets secondaires mentionnés sont entre autres une fatigue diurne, des vertiges et des maux de tête. Jusqu'à aujourd'hui, le L-tryptophane est toujours interdit aux États-Unis en raison du déclenchement possible d'une maladie mortelle du sang (syndrome d'éosinophilie–myalgie, SEM). Après mille cinq cents cas, dont trente-huit mortels, le tryptophane a été retiré du marché. En Allemagne, il est à nouveau autorisé depuis 1996 comme médicament : le renouvellement de l'autorisation a été obtenu devant les tribunaux par l'industrie pharmaceutique. La décision fut motivée par le fait que la maladie n'avait touché que des personnes ayant absorbé un tryptophane fabriqué au Japon et qu'elle était probablement due à des impuretés présentes dans la production locale. Mais il s'est avéré par la suite que d'autres fabricants étaient concernés par des cas de SEM.

La citation qui suit est extraite du journal indépendant *Der Arzneimittelbrief*[10], édition 10/03 :

> *Le tryptophane est par ailleurs l'exemple type de l'élément nutritionnel essentiel naturel qui, par le biais de la production industrielle, de l'addition de produits réactifs chimiques de synthèse et d'un dosage élevé, peut devenir un médicament capable de mettre la vie en danger. (Le mode d'apparition du SEM reste à éclaircir, NDA)*

Une autre question qui reste à éclaircir est la manière dont l'organisme réagit à l'apport prolongé de tryptophane de synthèse. Le L-tryptophane est fabriqué par biosynthèse à partir d'une bactérie *Escherichia coli* mutante. On vend donc aux propriétaires d'animaux sous forme d'additif alimentaire une substance apparemment naturelle, alors qu'il s'agit d'un médicament délivré à l'homme sur prescription médicale. Rares sont, à mon avis, les propriétaires **et** les vétérinaires à avoir conscience de ce qui est en réalité mélangé à la nourriture sous l'appellation avantageuse et anodine de supplément nutritionnel.

Le L-tryptophane est bien sûr présent aussi dans notre alimentation humaine sous sa forme naturelle, et cela principalement dans la viande. En tant qu'acide aminé essentiel, il doit être apporté par la nourriture, le corps ne pouvant le fabriquer lui-même. Une alimentation pauvre en protéines animales, comme dans le cas d'un chien nourri exclusivement avec des croquettes, entraîne facilement une carence en tryptophane. Pourquoi ? Parce que dans les croquettes, la proportion de protéines indiquée sur l'emballage est atteinte principalement

10 Journal d'information sur les médicaments édité par des médecins (NDT).

grâce à la part élevée de protéines végétales et non à l'adjonction de viande (protéines animales). Une carence peut facilement être due à la part élevée de maïs, particulièrement pauvre en tryptophane.

Notons que l'« aliment tranquillisant » cité plus haut contient d'abord du riz, puis de la farine de volaille et du maïs. En dehors du fait que la farine de volaille n'est pas de la viande, mais un sous-produit de l'aviculture (sinon il serait inscrit farine de viande de volaille, lire page 68), les céréales apparaissent en première et troisième position parmi les ingrédients. C'est beaucoup trop ! Non seulement les chiens consommateurs doivent se transformer en granivores, mais un produit de mauvaise qualité est revalorisé par l'ajout de suppléments (alpha-casozépine et L-tryptophane). Il va sans dire que cette revalorisation concerne aussi le prix. Nous y reviendrons.

L'effet des deux substances est comparable à celui du Valium (diazépam). L'aliment tranquillisant contient donc tout simplement des psychotropes pour chiens ! Sommes-nous tous devenus à ce point influençables (par la publicité notamment) et dépourvus de sens critique que la perversion de cette prescription nous échappe ? Nous allons même jusqu'à nous réjouir du fait que l'industrie ait réussi à nous concocter l'aliment *ad hoc* en cas de troubles du comportement, si notre animal est touché. En résumé, nos animaux se rendent d'abord malades en mangeant les produits de mauvaise qualité que nous leur servons, puis arrivent les compléments nutritionnels soi-disant miracle qui, à leur tour, génèrent de nouveaux désordres. C'est ainsi que l'industrie des aliments tout prêts est sans arrêt poussée à remédier, au moyen de nouveaux suppléments supposés efficaces, à des carences qu'elle a elle-même provoquées.

Nous vivons désormais dans une société où les adultes souffrant de stress ne sont plus les seuls à recourir aux psychotropes. Des milliers d'enfants prennent de la Ritaline (une drogue tranquillisante) pour cause d'hyperactivité et voilà que nos animaux domestiques se mettent à présenter de plus en plus de troubles comportementaux et ont besoin eux aussi des traitements correspondants. Et les vétérinaires sont de la partie.

Les troubles du comportement chez le chien sont effectivement en progression. La profession de coach canin est en plein boom et des entraînements spéciaux pour chiens sont proposés un peu partout. En cas de mauvaise éducation, un entraînement adapté et cohérent suffit généralement pour qu'un chien trouve sa place dans le quotidien de ses propriétaires et ne se transforme en tyran domestique.

Pourquoi y a-t-il de plus en plus de chiens comme Sandrina qui deviennent des cas vraiment problématiques ? Sa maîtresse est pourtant expérimentée en éducation canine et pense avoir tout fait pour élever Sandrina correctement. C'est bien le cas et elle n'a négligé qu'une réalité : l'hyperactivité chez le chien n'est pas encore considérée comme un signe de maladie en médecine vétérinaire, mais comme la seule conséquence d'erreurs éducatives. Il n'en reste pas moins que de plus en plus de chiens surexcités détruisent le mobilier et tourmentent leurs propriétaires à l'extrême. La consommation de psychotropes pour chiens croît logiquement à vue d'œil.

Peut-être une certaine similitude avec les problèmes croissants liés à l'éducation des enfants vous vient-elle à l'esprit ? N'y a-t-il pas de plus en plus d'enfants qui se font remarquer par leur manière d'agir, qui poussent à bout leurs parents et leur entourage par leurs accès d'agressivité incontrôlables, qui sont incapables de se concentrer et présentent un véritable comportement autistique, paraissant ne percevoir qu'à peine ceux qui les entourent ? Chez les enfants, on a déjà découvert qu'il existe un rapport de cause à effet entre alimentation et comportement. Certains additifs alimentaires peuvent agir comme des drogues. Il est possible d'amoindrir les manifestations de maladies telles que l'autisme en évitant certains composants alimentaires. On a également pu obtenir des améliorations notables chez des enfants hyperactifs grâce à un changement d'alimentation. Selon quel processus ?

Regardons, par exemple, à quelle vitesse l'alcool atteint notre cerveau et étend ses effets sur notre système nerveux. De la même manière que l'alcool, d'autres composants de l'alimentation peuvent, par la voie sanguine, dépasser très rapidement la barrière hémato-encéphalique pour atteindre directement le cerveau. Bien sûr, cela ne se produit pas chez tout le monde. Chez la plupart d'entre nous, la barrière hémato-intestinale est suffisamment étanche pour que des substances dangereuses comme les additifs alimentaires ne puissent pas se retrouver hors de l'intestin. Mais chez certaines personnes, l'intestin n'est pas tout à fait étanche : on appel ce phénomène le « leaky gut syndrome » (syndrome de perméabilité intestinale). Ces substances atteignent alors librement l'intérieur du corps, y compris le cerveau. Certains colorants alimentaires de synthèse comme la tartrazine jaune (E102) sont soupçonnés de contribuer à l'apparition des troubles du déficit de l'attention avec ou sans hyperactivité (TDAH). Des études australiennes ont montré dès 1996 que la dose de tartrazine était en corrélation avec le degré de manifestation des symptômes. Des édulcorants comme l'aspartame (Coca light) peuvent eux aussi intervenir dans le métabolisme cérébral. Comme le glutamate qui lui est chimiquement apparenté, l'aspartame peut, à partir d'une certaine dose, endommager les cellules cérébrales et avoir pour effet des symptômes tels que des maux de tête, des frissons, etc. et déclencher une confusion, des troubles de l'équilibre ou de la vision. Tout le monde connaît le « syndrome du restaurant chinois » causé par le glutamate : cet exhausteur de goût massivement utilisé dans les plats préparés peut lui aussi être à l'origine de manifestations désagréables telles que fourmillements dans la nuque, maux de tête, nausées, fatigue, etc.

Nous voyons donc que certains composants de l'alimentation, les additifs artificiels notamment, peuvent avoir un effet neurotoxique et influencer par là même notre manière d'agir. Si les mécanismes chimiques de transmission ne fonctionnent plus comme il se doit dans le cerveau, il est facile d'imaginer comment des troubles du comportement peuvent survenir. Le comportement de Sandrina peut parfaitement être comparé à celui d'un enfant atteint de troubles du déficit de l'attention avec ou sans hyperactivité (TDAH). De la même manière, il arrive souvent qu'il soit impossible de la calmer, de lui faire entendre quoi que ce soit et d'obtenir qu'elle se concentre sur une tâche donnée.

Beaucoup ont pris conscience du rapport entre alimentation humaine et maladies du système nerveux. Qu'il puisse exister un rapport entre la nourriture industrielle de nos chiens et leurs troubles du comportement n'est, en revanche, jamais envisagé ou presque, malheureusement. Le facteur alimentaire, en tant que cause majeure de trouble psychique, est purement et simplement occulté. Une nourriture produite industriellement peut pourtant déclencher chez des chiens sensibles une réaction du système immunitaire (allergie), qui elle-même intervient dans le fonctionnement du métabolisme cérébral.

Nous connaissons bien les effets des allergies sur la peau (éruptions), les organes respiratoires (asthme) et l'intestin (diarrhée), principalement. Les allergies qui s'accompagnent de troubles du comportement nous sont en revanche largement étrangères. Comme nous le savons, les allergies sont des réactions d'hypersensibilité du système immunitaire à certaines substances qui, si elles ne sont pas dommageables chez les individus non sensibles, peuvent causer chez les personnes ou les animaux qui le sont de graves atteintes à leur santé. Chaque fois qu'un aliment est absorbé et qu'un contact est établi avec l'environnement, l'organisme a pour tâche de décomposer les substances étrangères pour les transformer en substances naturellement présentes dans le corps. Si l'une des étapes de ce processus de transformation est perturbée, les maladies dites auto-immunes, les allergies voient le jour. Ce sont le plus souvent certaines protéines présentes dans les aliments tout prêts qui sont allergisantes. Les allergènes alimentaires sont la plupart du temps insuffisamment décomposés lors de la digestion, si bien qu'ils atteignent directement le cerveau par l'intermédiaire de la barrière hémato-encéphalique et influencent ainsi les neurotransmetteurs avec pour effet potentiel des modifications du comportement (hyperactivité, par exemple). Des additifs tels que la tartrazine citée plus haut peuvent agir de la même façon.

Revenons maintenant à Sandrina. Elle n'a été élevée qu'avec des aliments tout prêts. On lui a d'abord donné les mêmes croquettes que l'éleveuse, pour ne pas la perturber. Les ballonnements permanents, les diarrhées sporadiques, l'appétit hors norme de Sandrina et le fait qu'elle mange ses propres crottes auraient dû attirer l'attention. Madame B. a certes fait part de ces symptômes à son vétérinaire, mais il n'a établi aucune relation de cause à effet entre les troubles digestifs de Sandrina et son comportement.

Les diarrhées, les ballonnements et le fait de manger ses crottes sont pourtant les premiers signes indiquant que l'intestin ne fonctionne pas comme il le devrait. Le fait précisément qu'elle mange ses crottes signale que la flore intestinale n'est pas saine. Malheureusement, ce symptôme est le plus souvent interprété par les vétérinaires comme un signe de carence et traité avec des mélanges de minéraux et des suppléments vitaminiques. Je ne connais pourtant pas le moindre cas dans lequel la prise d'un mélange de minéraux a fait perdre au chien l'habitude de manger ses crottes. Comment pourrait-il en être autrement ? La plupart du temps, les aliments produits industriellement contiennent déjà plus de minéraux et de vitamines (synthétiques) que nécessaire. Mais certaines informations erronées se colportent d'un vétérinaire à l'autre et persistent.

Chiot déjà, Sandrina a montré que quelque chose clochait. Elle est dès le départ surexcitée et incapable de se concentrer. Quelque chose ne lui réussit manifestement pas. La responsabilité de la nourriture industrielle dans ses problèmes de comportement n'apparaît clairement que lorsque Sandrina passe enfin à une nourriture appropriée à son espèce et que ses symptômes s'atténuent considérablement en peu de semaines. Aujourd'hui, Sandrina est une chienne certes vive, mais plus hystérique. Elle peut accompagner sa famille en promenade, même détachée. Elle réagit aux ordres donnés par sa famille avec laquelle elle est capable de communiquer normalement. Elle ne décampe plus et se comporte bien en laisse.

Mais chaque chose en son temps ! Comment tout ceci est-il soudain possible ? Après lui avoir donné pendant trois semaines les croquettes tranquillisantes, la famille B. ne constate presque aucune amélioration chez Sandrina. Elle est certes un peu plus calme à la maison, mais en liberté son comportement reste inchangé. Elle est hystérique et saute comme un cabri au bout de sa laisse. En l'absence d'amélioration notable, Madame B. lui redonne ses croquettes habituelles, avec en plus une pilule par jour du tranquillisant Reconcile. Avec cette pilule, la chienne reste apathique toute la journée. *On dirait qu'elle débarque d'une autre planète*, se dit Madame B.

C'est dans cet état que je vois Sandrina pour la première fois. C'est une chienne splendide. Ce qui me frappe le plus, c'est son absence totale de réaction. Qu'on lui crie dessus ou que l'on essaie d'attirer son attention d'une autre manière, tout lui est égal. Elle ne réagit pas le moins du monde. La comparaison avec un enfant autiste, incapable de percevoir son entourage, est évidente. Sandrina prend du Reconcile depuis environ un mois au moment où elle m'est présentée. Ce médicament au joli nom (il contient la même substance active que le Prozac utilisé chez l'humain) intervient dans le métabolisme cérébral et fait en sorte que la concentration du neuromédiateur nommé sérotonine reste élevée au niveau des points de contact entre neurones, dans le cerveau. Spécialement adapté aux chiens et doté d'un goût de viande de bœuf, ce médicament de l'entreprise pharmaceutique Eli Lilly a été autorisé par la Food and Drug Administration (FDA) américaine.

L'avis des vétérinaires sur l'utilisation du Prozac/Reconcile est partagé. Certains pensent que les psychotropes pour chiens ne devraient être utilisés qu'en cas d'urgence, comme par exemple à l'occasion des feux d'artifice du nouvel an ou dans les situations où la pression est inhabituelle. Quant aux vétérinaires qui se sont spécialisés dans les troubles du comportement, ils sont les premiers à plaider en faveur d'un usage généralisé. Leur argument consiste à dire que le Reconcile utilisé dans le cadre d'une thérapie comportementale réduirait les accès de fureur destructrice, l'angoisse de séparation et les hurlements continuels chez les chiens anxieux.

La revue économique *The Economist* estime que le marché américain des psychotropes pour animaux atteint un chiffre d'affaires annuel d'un milliard de dollars. Aujourd'hui, dix à vingt pour cent des chiens américains en prennent car, si jamais on les laisse seuls, ils détruisent tout le mobilier, font leurs besoins à l'intérieur et aboient sans arrêt. Le Reconcile atténue soi-disant bien les symptômes. Le groupe pharmaceutique qui le fabrique a immédiatement créé un département dédié aux médicaments pour animaux domestiques. Des médicaments conçus en réalité pour l'homme sont ici adaptés à l'animal. Autrefois, le marché correspondant n'existait pas. Mais de nos jours, le nombre de gens prêts à investir d'importantes sommes pour soigner leurs animaux, y compris avec des psychotropes, ne cesse de croître. Bien entendu, les entreprises pharmaceutiques n'ont pas tardé à s'en apercevoir.

Il existe désormais aussi un « brûleur de graisse » pour chien : le Slentrol de l'entreprise Pfizer. Le Slentrol fut à l'origine conçu pour l'homme, mais il n'a pas été autorisé en raison de ses importants effets secondaires. La plupart du temps, on se contente de recomposer sous une autre forme, pour les animaux domestiques, des substances actives préexistantes. Mais il arrive aussi que l'on ressuscite des produits dans leur composition d'origine, comme ici le Slentrol, qui ont été recalés lors des tests sur l'homme. Le département dédié aux animaux domestiques d'Eli Lilly entend lui aussi tester sa large palette de substances actives dans le but de « guérir » notamment l'obésité, mais aussi d'autres maladies vétérinaires. C'est ainsi que des substances actives peuvent être « recyclées » de manière très lucrative. Il faut naturellement commencer par créer le marché correspondant. Ce n'est pas le plus gros problème car, en médecine humaine aussi, le médicament existe souvent avant que le marché correspondant ne soit créé.

Prenons pour exemple l'abaissement des valeurs normales du prétendu « mauvais cholestérol » ou encore les normes extrêmement extensibles applicables à la densité osseuse ou à la pression sanguine. De nouvelles valeurs « convenables » sont fixées de manière purement arbitraire, le plus souvent en référence à des « études » produites par l'industrie pharmaceutique fabricante. C'est ainsi que de plus en plus de gens s'écartent des valeurs « de bonne santé » et font leur entrée dans la catégorie de ceux qui ont besoin d'un traitement, c'est-à-dire des médicaments *ad hoc*. N'est-ce pas merveilleux ? Voilà comment de nouveaux marchés ne cessent de voit le jour.

Le Prozac, en tant qu'inhibiteur sélectif de la recapture de la sérotonine (ISRS), a fortement modifié l'image de la dépression auprès du public. En dix ans (de la fin des années quatre-vingts au début des années quatre-vingt-dix), un marché mondial de dix-neuf milliards de dollars a vu le jour pour les ISRS. Les antidépresseurs s'inscrivaient alors dans l'air du temps, avec une image positive dans la société, puisqu'ils agissaient aussi bien en cas de troubles alimentaires, sexuels ou anxieux, qu'en cas de dépression ou de stress post-traumatique. Leur spectre d'action fut cependant étendu à vue d'œil à un large champ de troubles légers de l'état général comme le manque d'initiative ou d'estime de soi. Les adolescents en prenaient pour soigner leurs peines de cœur, les managers pour lutter contre l'épuisement et les femmes au foyer délaissées pour oublier leur frustration. Le Prozac fut promu au rang de « pilule du bonheur » par la société et les médias en faisaient grand cas. Mais il apparut clairement au milieu des années quatre-vingt-dix que des altérations considérables de la personnalité se produisaient sous Prozac et le rapport entre le Prozac et une multiplication des suicides fut reconnu. Éric Harris, ce jeune garçon de dix-huit ans qui, en 1999, abattit douze élèves et un enseignant lors du massacre de la Columbine High School aux États-Unis, s'était vu prescrire un ISRS. « Chaque fois que quelqu'un tire autour de lui dans une école, on se rend compte que ces médicaments étaient en jeu » a déclaré Ann Blake, auteur de *Prozac : Panacea or Pandora ?*, dans une interview au *Daily Express*. Les symptômes de sevrage furent sous-estimés. Aucune leçon n'avaient manifestement été tirée des problèmes liés à l'arrêt du Valium et des médicaments surnommés « benzos ». La période de sevrage s'accompagnait de graves effets secondaires tels que faiblesse, épuisement, nausées, augmentation de la pression artérielle, vertiges et nervosité. Après l'arrêt, les patients souffraient d'excitation, de confusion, d'angoisse et de soudaines crises de panique.

Depuis l'automne 2001, le Prozac n'est plus protégé par son brevet ce qui a donné lieu à l'arrivée de nombreux génériques sur le marché. Et voilà que la fluoxétine (le principe actif du Prozac) réapparaît sous la forme de comprimés tranquillisants pour nos chiens, prescrits avec empressement sans la moindre critique ! Demandez donc au vétérinaire qui veut prescrire du Reconcile à votre chien s'il connaît le Prozac. Ou plutôt non, ne lui demandez rien, car il ne saura (voudra) sûrement pas vous répondre.

Revenons à Sandrina et à sa guérison. Quand la famille B. me présente la chienne, elle ne me cache pas son intention de s'en séparer ou même de la faire euthanasier, même si cette perspective la désespère. L'espoir d'une amélioration est au plus bas et la famille B. ne peut se résoudre à maintenir sa chienne en permanence sous pilule psychoactive.

Pourtant, la solution s'avère aussi simple que les antécédents de Sandrina sont compliqués. Elle consiste à faire passer Sandrina à une nourriture crue biologiquement appropriée (ou BARF pour Biologically Appropriate Raw Food). La famille B. a d'emblée pour mission de fuir tout aliment fabriqué de manière industrielle. En clair : pas de friandises non plus, ni de gâteaux pour chiens, ni de charcuterie. Rien qui puisse contenir des additifs de quelque sorte que ce soit. Sandrina mange donc des os très charnus. Les ronger et les déguster l'occupe pendant des heures. Et ô surprise, le passage à la viande crue et aux légumes semble aussi améliorer son état physique. Une fois l'intestin assaini et la flore intestinale reconstituée, diarrhées et ballonnements disparaissent. Quant à l'habitude peu appétissante qui consiste à manger sa crotte, elle diminue sans pour autant cesser complètement.

Pour être honnête, j'ai eu au départ de sérieux doutes et me suis demandé s'il était encore possible de faire quelque chose pour Sandrina. C'est au bout de trois mois et après de nombreuses conversations téléphoniques avec ses maitres, que je la revois. Comme je l'ai déjà dit, elle a trouvé sa place au sein de sa famille. Certes, c'est encore une chienne vive, qui ne tient pas en place, mais elle est capable d'entrer en contact et de communiquer avec les membres de sa famille. Cette dernière sait maintenant bien comment s'y prendre avec sa chienne et il ne viendrait plus à l'idée de personne de s'en séparer ou pire, de la faire euthanasier. C'est ce qui s'appelle un happy end de dernière minute !

Mais tous les cas identiques ou similaires ne se résolvent pas toujours aussi facilement. À cause le plus souvent de l'étroitesse d'esprit du propriétaire du chien et de sa paresse. En effet, nombre de propriétaires n'ont pas encore pris conscience du fait qu'une part importante des troubles du comportement de leur animal est imputable à des erreurs alimentaires. Comment le pourraient-ils, quand les vétérinaires eux-mêmes ne veulent ou ne peuvent prendre en compte cette réalité.

En plus d'une mauvaise alimentation et d'une mauvaise éducation, il existe bien sûr de nombreux facteurs qui peuvent avoir pour effets des troubles du comportement. Une quantité non négligeable de chiens (surtout en ville) ne vit pas dans des conditions appropriées. Quand un chien reste seul, tous les jours, des heures durant, dans un petit appartement, qu'il n'a pour faire ses besoins que quelques minutes sur le bitume et que les promenades dignes de ce nom – quand il y en a – n'ont lieu que le week-end, il ne faut pas s'étonner de le voir présenter des troubles du comportement. De nos jours, la plupart des chiens n'ont de surcroît plus rien à faire. Quand les chiens d'autrefois accompagnaient leur maître à la chasse, à la recherche de traces, ou gardaient les troupeaux entre autres tâches, ceux d'aujourd'hui n'ont plus, dans les grandes villes en particulier, la moindre occupation. Le chien est un animal de meute ; rester seul longtemps n'est pas dans sa nature. Il a un flair extrêmement sensible et une ouïe fine. Réfléchissons une seconde à la quantité d'odeurs et de bruits auxquels nous sommes exposés au quotidien et à l'effet qu'ils doivent avoir sur le nez et les oreilles sensibles d'un chien quand, en plus, il est obligé de « végéter » dans l'environnement artificiel d'une grande ville, privés de nature et de liberté.

Ces facteurs contribuent sans doute aussi à provoquer des comportements singuliers chez nos chiens. Pour autant, les aliments additionnés de calmants et les psychotropes ne sont sûrement pas la solution. Au lieu de prescrire sans arrêt de nouveaux cachets, notre mission à nous, vétérinaires, devrait être de nous interroger en amont sur ces troubles et de nous consacrer davantage à la prophylaxie en délivrant des conseils judicieux quant à la nourriture et aux conditions de vie.

CHAPITRE 6

LE CALVAIRE D'UN CHATON QUASIMENT EMPOISONNÉ PAR LE VÉTÉRINAIRE

De l'usage incontrôlé des antibiotiques, de la cortisone, des vermifuges en avalanche, etc.

IMAGINONS QUE VOUS AYEZ UN CHATON DE TROIS MOIS EN pleine forme et que vous remarquiez un jour qu'il a à la tête une plaie d'environ 1,5 centimètre de diamètre. Cela a l'air d'une écorchure parfaitement bénigne. Mais comme vous n'êtes pas bien sûr(e) et que vous voulez en avoir le cœur net, vous consultez un vétérinaire. Celui-ci examine la plaie et recommande de faire un prélèvement pour l'envoyer au laboratoire. Le vétérinaire soupçonne une infection cutanée, une allergie ou un champignon. Jusqu'à l'arrivée des résultats, le traitement prophylactique pour dix jours est le suivant : comprimés d'antibiotique (Baytril) contre l'éventuelle infection cutanée, comprimés contre les champignons (griséofulvine), ainsi que pommade à la cortisone au cas où, s'il s'avérait qu'il s'agit d'une allergie. Le tout est accompagné d'un shampoing médicinal pour le bain. « Comme ça, nous avons paré à tout, dit le vétérinaire, nous pouvons attendre sereinement les résultats du prélèvement. Ça fera 130 euros, sans les frais de laboratoire. »

De retour chez vous, vous baignez votre chaton avec le fameux shampoing, ce qui en soi constitue déjà une tâche presque insurmontable. Le petit animal se défend de toutes ses forces, il mord et envoie des coups de griffes autour de lui, si bien que vous ressortez de l'opération avec quelques belles égratignures. Par nature, les chats ne sont jamais ravis de se retrouver tout mouillés ; vous êtes désormais en mesure de le confirmer. Il vous faut en plus donner deux comprimés par jour. Un comprimé d'antibiotique entier et un quart d'antifongique. Réussir à mettre des comprimés dans la petite gueule d'un chat n'est pas un jeu d'enfant. Mais, après quelques ratés – le chaton recrache tout –, vous finissez quand même par vous montrer plus malin/maligne que lui. Merci le pâté de foie, les comprimés sont partis ! Au bout de quelques jours, donner des comprimés n'a plus de secrets pour vous, vous n'êtes jamais à court d'astuces.

Mais cinq jours plus tard, votre chaton a une allure qui ne vous plaît plus du tout. Son poil est hérissé et il refuse presque toute nourriture. Le peu qu'il mange encore, il le vomit aussitôt. Il a en plus une diarrhée nauséabonde qui se retrouve, non pas dans le petit bac prévu à cet effet, mais partout dans l'appartement. Vous ne pouvez pas vous fâcher, vous voyez bien qu'il n'a tout simplement pas le temps d'atteindre ses toilettes pour chat avant l'arrivée de la diarrhée. Il ne reste plus rien du petit animal vif et leste d'il y a encore quelques jours. Votre chaton est déjà très affaibli. Ce n'est plus qu'un misérable petit être. Vous le ramenez bien sûr chez le vétérinaire qui lui fait une transfusion et une piqûre pour stimuler son appétit. Entre-temps, les premiers résultats d'analyse sont arrivés : aucun indice d'allergie. Jusqu'alors, aucun champignon n'a été détecté, mais si la culture fongique en cours s'avère positive, vous en serez immédiatement informé(e). Certains types de champignons mettent en effet plus longtemps à se développer. Il faudra absolument continuer à donner tous les comprimés. On fait une piqûre contre la diarrhée à votre chaton et vous êtes prié(e) de revenir le lendemain s'il ne va pas mieux. L'addition s'élève cette fois encore à 130 euros, laboratoire compris.

Le jour suivant, loin d'aller mieux, votre chaton va encore plus mal. C'est avec dans les bras un petit animal gravement malade, tout ébouriffé et indifférent que vous consultez un autre vétérinaire. Cette fois, votre choix est plus heureux. Le nouveau vétérinaire vous dit honnêtement que vous êtes en train, avec les médicaments que vous lui donnez, d'empoisonner lentement mais sûrement votre chat. Pour lui permettre de survivre, on lui fait des perfusions hépatoprotectrices car les valeurs hépatiques sanguines sont très élevées et votre chat est déjà très déshydraté. À l'issue du traitement, vous pouvez ramener votre chaton chez vous, à condition de le forcer à manger et surtout de supprimer tous les médicaments donnés auparavant. Le vétérinaire vous explique que la substance active contenue dans l'antifongique (la griséofulvine) peut endommager gravement le foie et les reins. En lisant la notice, vous constatez qu'elle met en garde contre une administration à des chatons car ces derniers ne peuvent décomposer la substance active qu'au ralenti, d'où des effets secondaires accrus qui peuvent être entre autres : nausées, vomissements, diarrhées et dommages au foie. Certains de ces symptômes vous disent quelque chose.

Quelques jours et plusieurs transfusions plus tard, votre bébé chat va mieux. La flore intestinale grandement perturbée par les médicaments (surtout par les antibiotiques) s'est même reconstituée et la diarrhée a disparu. Quant aux éventuelles séquelles, le vétérinaire ne peut bien sûr pas se prononcer à l'avance. Il ne reste désormais plus grand-chose de la petite zone sans poil qui vous avait conduit(e) à consulter. L'analyse finale encore en attente demandée par le premier vétérinaire ne vous apprend rien de plus : pas de champignons.

Cet exemple est vraiment extrême, me direz-vous, chers lectrices et lecteurs. Pourtant, non. Ce cas a bel et bien existé comme je l'ai décrit. C'est l'exemple type de l'usage couramment fait des médicaments dans les cabinets vétérinaires. Qu'il faille attribuer ces pratiques au manque d'assurance qui conduit à parer à toutes les éventualités par crainte de passer à côté de quoi que ce soit (ce qui est le plus souvent le cas chez de jeunes confrères) ou qu'il s'agisse de transformer un cas parfaitement bénin en malade lucratif, ce sont selon moi des fautes professionnelles grossières dont nos animaux font les frais.

Nous, les vétérinaires, sommes en l'occurrence en bonne compagnie. Les professionnels de la santé humaine prescrivent eux aussi des antibiotiques sans nécessité ni contrôle. Voici ce qu'a répondu un médecin à la « question de la semaine » sélectionnée sur un service Internet de conseils mis à la disposition des assurés de la caisse régionale d'assurance maladie de Rhénanie-Palatinat (*AOK Clarimedis*) :

> *Le recours rapide à l'antibiotique est souvent inutile. La plupart des infections banales sont déclenchées par des virus. Or les antibiotiques n'agissent pas contre les virus ! Beaucoup de patients souffrant d'infections grippales ou de toux attendent néanmoins de leur médecin qu'il leur « donne quelque chose ». Des scientifiques de l'université de Düsseldorf ont découvert, dans le cadre d'une étude réalisée en 2007, que 40 % des formules antibiotiques sont inutiles en cas d'infection des voies respiratoires*

puisque ce type d'infection peut être combattu par notre propre système immunitaire. La prise incontrôlée d'antibiotiques favorise en revanche les résistances et perturbe la flore intestinale avec pour conséquence possible la colite associée aux antibiotiques (inflammation de l'intestin déclenchée par des antibiotiques, NDA).

Regardons de plus près le cas exemplaire de notre chaton. Au lieu de commencer par attendre de voir comment évolue la zone sans poils, qui en l'occurrence s'est révélée sans gravité, on place ce pauvre animal sous une avalanche de produits chimiques. Nous pouvons commencer par nous demander pour quelle raison un antibiotique a-t-il bien été prescrit ? Les antibiotiques s'utilisent contre les bactéries pathogènes. Les infections bactériennes s'accompagnent généralement de fièvre, d'inflammations, de rougeurs et éventuellement, en fonction de la zone du corps concernée, de fortes douleurs et d'une atteinte de l'état général. Or, dans le cas qui nous occupe, aucun de ces symptômes n'était présent.

La plupart des vétérinaires prescrivent des antibiotiques aux multiples effets secondaires comme s'il s'agissait de bonbons pour la toux. À la moindre égratignure, à la moindre modification cutanée, au moindre petit bobo, on sort la grosse artillerie. Autant dire qu'on cherche à tuer une mouche avec un bazooka. Autant dire aussi qu'on joue avec la peur du propriétaire pour son animal : si le chat ou le chien ne prend pas tel ou tel médicament, ce sera sa faute si son animal ne guérit pas, si son état s'aggrave, voire s'il meurt. Évidemment, aucune alternative n'est proposée. Le fait que les antibiotiques soient d'abord très chers, qu'ils puissent ensuite provoquer des résistances et qu'ils ne soient enfin, et c'est là l'essentiel, pas exempts d'effets secondaires n'intéresse visiblement personne. Je connais beaucoup de cabinets qui fonctionnent de cette façon, que ce soit entre autres par ma propre expérience en tant qu'assistanteou par les récits que me font de jeunes confrères. Le premier réflexe quand un animal arrive, c'est le duo antibiotique/cortisone. La plupart du temps, le propriétaire rentre aussi à la maison avec ses comprimés d'antibiotique. Les effets de ses prises portent surtout sur la flore intestinale. Les diarrhées qui surviennent à l'issue du traitement ne sont cependant pas mises en relation, le plus souvent, avec la prise de médicaments, mais considérées comme un nouveau tableau clinique à traiter avec encore plus de chimie. Rares sont les vétérinaires auxquels il vient à l'esprit, après une cure antibiotique (qu'elle fût justifiée ou non), de restaurer la flore intestinale par l'apport de bactéries.

Les médicaments, et en l'occurrence particulièrement les antibiotiques, sont, comme je l'ai dit, très chers. Les frais du vétérinaire, pour l'achat du nombre de comprimés correspondant au besoin d'un chien d'environ trente kilos pour un traitement de dix jours, dépassent soixante euros. Les comprimés en question sont ensuite revendus presque le double. Les représentants de l'industrie pharmaceutique font étalage de l'augmentation vertigineuse des besoins en antibiotiques et autres médicaments, ainsi que du volume des ventes et du profit qui vont de pair – y compris pour les vétérinaires, bien entendu. Est-ce à dire que nous, vétérinaires, devrions être fiers de prescrire toujours plus de médicaments, faisant ainsi en sorte d'accroître non seulement notre propre chiffre d'affaires, mais aussi celui de l'industrie pharmaceutique ? Ou bien l'augmentation des besoins est-elle bien réelle ?

Je doute que les besoins réels aient augmenté. Ce qui est bel et bien en hausse, c'est la fréquence des prescriptions chez les vétérinaires dont le premier réflexe est souvent de coller des antibiotiques à chaque animal, qu'il en ait besoin ou pas. Les esprits critiques m'opposeront qu'autrefois les propriétaires accordaient moins d'importance au suivi médical de leurs animaux, ce qui explique l'augmentation de la consommation de médicaments. Il ne fait aucun doute que les consultations sont plus fréquentes aujourd'hui. Pour autant, on ne peut pas dire que, disons ces dix dernières années, le comportement des maîtres ait considérablement évolué quant aux soins apportés à leurs animaux. L'usage et le mésusage des médicaments lui, si.

Il faut dire que le marché des médicaments vétérinaires est florissant. Beaucoup de technologies développées pour la santé humaine sont recyclées dans l'univers animal. La médecine animale est une activité moins risquée que la santé humaine car les coûts de recherche et développement y sont plus faibles et la probabilité de donner naissance à un nouveau traitement plus élevée.

Selon le SIMV (Syndicat de l'Industrie du Médicament et réactif Vétérinaires), le marché du médicament vétérinaire en 2013 représentait en France 813 millions d'euros de chiffre d'affaires.

Ce marché bénéficie du dynamisme du segment des animaux de compagnie du à l'investissement croissant des Français dans le bien-être de leurs compagnons domestiques (39 % de parts de marché) mais aussi de celui des animaux de rente qui représente plus de la moitié du marché (56 %) et de celui des chevaux (5 %).

La France est le deuxième marché de santé animale au monde avec 7,5 millions de chiens et 11 millions de chats qui s'ajoutent aux 44 millions d'animaux de rente (bovins, porcs, ovins, caprins), 250 millions de volailles (poulets, dindes, pintades), 29 millions de canards, 10 millions de lapins, 800 000 chevaux.

La répartition du marché par grandes classes thérapeutiques en 2013 :

- Vaccins 22 %,
- Antiparasitaires 17 %,
- Insecticides 9,9 %,
- Antibiotiques 19 %,
- Produits topiques 8,8 %.

Ces chiffres sont le résultat « positif » de stratégies de vente déterminées. S'il est sûrement souhaitable dans d'autres branches de l'économie, ce résultat devient effrayant quand il s'agit de nos animaux domestiques.

Pour ma part, je ne donne presque aucun comprimé d'antibiotique dans mon cabinet. Dans les rares cas où il est vraiment nécessaire de donner un antibiotique, je l'administre par piqûre. Cela fonctionne parfaitement. Mais l'industrie pharmaceutique, et bien sûr les vétérinaires, font des bénéfices appréciables avec les comprimés qui à eux sels constituent un business lucratif. Un animal malade qui repart avec comme traitement dix coûteux comprimés rapporte davantage que celui auquel il est fait une « malheureuse » piqûre.

Par ailleurs, la mentalité des propriétaires d'animaux s'est tellement calquée sur celle des patients humains qu'on exige aussi du vétérinaire qu'il « prescrive quelque chose ». Inviter à quitter le cabinet sans poche de médicaments frise, aux yeux de beaucoup de propriétaires, la négligence. Aux banalités aussi, il faut leur traitement médicamenteux. Renvoyer à la maison en engageant simplement à attendre de voir comment la situation évolue n'est pas bien vu. On réclame des pilules, car les pilules ça marche pour tout…

Voici un appel au secours typique extrait d'un forum Internet dédié aux animaux :

> *Mon chien (Eurasier, 10 ans) souffre depuis deux ans d'une colite (inflammation du gros intestin). Il a pris trop d'antibiotiques (à cause d'une attaque parasitaire). J'en suis déjà à mon septième vétérinaire. J'ai déjà testé plusieurs aliments de régime. Je fréquente en ce moment le centre de santé vétérinaire de B. Mon chien prend de la cortisone depuis trois semaines. Son état n'évolue pas pour autant. Pendant un jour ou deux, sa crotte est normale, puis elle présente de nouveau des traces de sang ou s'accompagne de gouttes de sang. Je suis un peu désespérée, je ne sais plus quoi faire.*

On peut lire sur la toile d'innombrables appels au secours de ce genre, des cas similaires ne cessent de s'accumuler dans mon cabinet. La question qui me tracasse de plus en plus consiste à savoir pourquoi mes consœurs et confrères sont encore si peu nombreux, malheureusement, à s'inquiéter comme moi de savoir pourquoi certains tableaux cliniques précis sont de plus en plus fréquents. Le fait que nous, vétérinaires, puissions être nous-mêmes à l'origine de beaucoup de maux évitables n'est même pas envisagé.

L'argumentation selon laquelle nos chiens et nos chats vivraient de plus en plus vieux en raison des « bons soins » vétérinaires ne tient pas. Comme chez l'homme, l'augmentation de l'espérance de vie est due en premier lieu à des conditions d'hygiène et à une prise en charge générale bien meilleures, et seulement en second lieu à de nouvelles avancées médicales. Hormis quelques rares domaines spécialisés comme la traumatologie, aucune avancée déterminante n'a été réalisée en ce qui concerne le traitement des maladies chroniques en médecine humaine (cancer, rhumatismes, arthrose... pour n'en citer que quelques-unes) depuis les années soixante-dix. Il en est de même en médecine vétérinaire. De nouveaux médicaments soi-disant innovants arrivent certes sans cesse sur le marché, mais en réalité ils ne se distinguent pas, ou bien peu, de ceux qui existent déjà.

Nos chiens et nos chats vivent peut-être plus longtemps en moyenne aujourd'hui (à en croire les dernières statistiques), mais il n'est pas moins vrai qu'ils tombent malades plus tôt et le restent plus longtemps. Quand j'étais enfant, ma famille a toujours eu des chiens et des chats et je ne me souviens pas qu'un seul de ces animaux ait souffert d'une maladie chronique. Les chiens, en particulier, ont tous dépassé l'âge de quinze ans, et cela sans être malades. Quant aux chats (l'un de mes oncles avait une grande ferme), soit ils mourraient prématurément, soit ils étaient victimes de l'une des épidémies qui les touchaient régulièrement, soit ils vivaient très vieux. Les maladies métaboliques comme le diabète, le syndrome de Cushing ou les affections articulaires chroniques existaient à peine.

L'ampleur prise ces vingt dernières années par les tableaux cliniques chroniques est effrayante. Les esprits critiques avanceront à nouveau qu'autrefois on ne disposait même pas des tests permettant de diagnostiquer certaines maladies. C'est évidemment vrai, mais on n'en avait pas besoin non plus. Ce n'est qu'avec l'énorme augmentation des cas que les procédures de test se sont affinées, le besoin de méthodes d'examen toujours plus complexes existant dorénavant. Nous en sommes arrivés à un point tel que des maladies sont purement et simplement inventées pour pouvoir vendre les médicaments correspondants. J'ai eu récemment entre les mains une revue destinée aux médecins vétérinaires autrichiens

(*Vet-Journal*, édition 05/2010). En lisant le nom de baptême d'une nouvelle maladie, je n'en ai pas cru mes yeux. Le « dysfonctionnement cognitif », puisque c'est de lui qu'il s'agit, fait tout simplement référence au fait que nos animaux domestiques vieillissent et que, de ce fait, il ne faut plus attendre d'eux, quand ils sont âgés, les performances physiques et mentales dont ils étaient capables jeunes ou dans la force de l'âge. Le vieillissement est déjà devenu, chez nos chiens et nos chats aussi, une maladie à prendre au sérieux. Et la solution existe désormais sous forme de « fontaine de jouvence pour chiens vieillissants ».

Cette maladie lourde de conséquences fut découverte, faut-il s'en étonner, par l'une des entreprises parmi les plus connues de l'industrie des aliments pour animaux : Nestlé Purina ! La firme prétend avoir découvert, grâce à des tests, qu'il est intéressant d'ajouter à la nourriture des chiens vieillissants des triglycérides à chaîne moyenne, censés stopper le processus de vieillissement à l'œuvre dans leur cerveau. Les chiens devraient pouvoir bénéficier de ce complément dès l'âge de sept ans. Naturellement, le groupe propose déjà l'aliment *ad hoc*. Son nom : Anti Age.

Voici un extrait du fameux article sur lequel je suis tombée :

Nestlé Purina a pu apporter la preuve, dans le cadre de tests cognitifs d'envergure (à savoir tests d'orientation, de curiosité, etc.), que des améliorations considérables sont à noter dans les domaines suivants chez les chiens prenant des MCT (acides gras à chaîne moyenne) :

1• *mémoire et capacité à interagir ;*

2• *faculté d'adaptation, autonomisation et expérience de nouvelles instructions ;*

3• *durée d'attention et vivacité d'esprit.*

Bien que ces résultats demandent à être confirmés par de nouvelles études, il est tout à fait possible qu'une nourriture enrichie en MCT ait aussi des effets positifs sur les chiens présentant un dysfonctionnement cognitif léger à modéré. Il a été démontré qu'Anti Age constitue un moyen efficace permettant de retarder l'apparition des conséquences cognitives liées au processus de vieillissement et d'influencer la qualité de vie dans son ensemble, non seulement du chien mais aussi de son propriétaire. Pro Plan Senior Original 7+ avec Anti Age est la solution nutritionnelle pour tous les chiens vieillissants pris en charge au sein de votre cabinet vétérinaire.

Y a-t-il vraiment des confrères qui le croient ? De toute évidence, oui. Sinon cet article et le produit qui va avec n'existeraient pas. La notion d'anti-vieillissement parle à beaucoup de gens. Pourquoi ne pas se remplir les poches en proposant des produits *ad hoc* destinés aux animaux domestiques ? Ce qui me touche particulièrement, c'est la manière dont les vétérinaires se laissent embrigader par de telles idioties et se transforment en hommes de main de ces grands groupes. Le profit dicte visiblement sa loi. Nous, vétérinaires, sommes pourtant en première ligne et il nous appartient de ne pas apporter d'eau au moulin de ces aberrations et d'éclairer les propriétaires pour en faire des consommateurs adultes en ce qui concerne le devenir de leurs animaux familiers.

Comme en médecine humaine, où les tests et les études pharmacologiques sont réalisés par les entreprises pharmaceutiques elles-mêmes et peuvent généralement être (et ils le sont) manipulés en fonction du besoin, il convient de prendre avec des pincettes les tests effectués par les fabricants de croquettes qui entendent bien vendre leurs produits. Nestlé Purina, qui a mis sur le marché le produit nommé Anti Age, a constaté grâce à des études soi-disant de grande envergure que « la durée de vie des chiens pouvait être prolongée de deux ans grâce à des interventions d'ordre alimentaire, telles que la réduction calorique ». Ah, bon ! A-t-on désormais besoin de tests pour confirmer « scientifiquement » des faits clairs comme de l'eau de roche ? Le bon sens n'est plus, manifestement, à moins que celui des consommateurs responsables et des vétérinaires pourvus d'esprit critique ne leur soit dénié.

Sommes-nous vraiment à ce point faciles à manipuler – l'article cité précédemment a bel et bien été publié dans une revue vétérinaire sérieuse – que nous prenons pour argent comptant de telles sornettes ? Apparemment oui, car nul produit sans besoin correspondant. En dehors du fait que l'aliment tant vanté par Nestlé Purina n'est pas biologiquement approprié, il convient donc de nous persuader, nous vétérinaires, de la nécessité de donner à de vieux chiens encore plus d'additifs, sous forme en l'occurrence de triglycérides à chaîne moyenne dont la seule fonction est de revaloriser un produit sans intérêt. Les fabricants sont, semble-t-il, conscients de la qualité médiocre de leur marchandise, sinon ils ne passeraient pas leur temps à créer de nouveaux suppléments pour lui donner du peps.

Mais revenons aux maladies chroniques qui, c'est regrettable, sont souvent de « fabrication maison ». Effets secondaires et séquelles à long terme sont sciemment acceptés au bénéfice d'une amélioration à court terme des symptômes. Le duo antibiotique/cortisone fait souvent effet très rapidement, aucun doute là-dessus. Avec la cortisone notamment, on observe souvent un effet dès le lendemain, en cas de démangeaison par exemple. Cependant, si la prise se prolonge, l'effet diminue avant de finir par disparaître.

Quant aux effets secondaires des antibiotiques, ils ne sont pas, excepté la destruction de la flore intestinale naturelle, aussi graves que ceux provoqués par d'autres médicaments, même si des allergies peuvent se produire. L'urticaire (les poils se dressent alors en brosse sur différentes zones du corps) est la réaction allergique la plus fréquente. L'asthme, le gonflement douloureux de la tête ou un grave choc anaphylactique sont plus rares mais peuvent également survenir. Il convient aussi de rappeler qu'en cas de consommation incontrôlée d'antibiotiques, des résistances se créent, les bactéries pathogènes qui se sont habituées n'étant plus éliminées. Ces résistances ne cessent de progresser, si bien que de nouveaux antibiotiques sont en permanence nécessaires pour obtenir l'effet escompté. Ce problème aussi est de « fabrication maison » car seul un usage continuel et totalement exagéré des antibiotiques peut provoquer une augmentation aussi rapide des résistances.

Venons-en maintenant à la cortisone : tout le monde en a entendu parler, personne n'en veut vraiment et pourtant, dans les cabinets vétérinaires, elle compte parmi les médicaments préférés et le plus souvent prescrits. Comme nous l'avons vu plus haut, elle est généralement utilisée en première intention chez n'importe quel animal malade en association avec un antibiotique. Ces derniers temps, on remplace volontiers la cortisone par des analgésiques (appelés anti-inflammatoires non stéroïdiens, AINS) qui ne sont pas non plus dépourvus d'effets secondaires. La cortisone a, à juste titre, la réputation d'être à l'origine de nombreux effets indésirables. Les préparations de cortisone avec pour substance active la dexamethasone, la prednisolone et l'hydrocortisone sont des médicaments qui par ailleurs agissent très rapidement et sont bien tolérés, à condition toutefois d'être utilisés à bon escient et surtout à court terme.

Le cortisol est une hormone très importante pour notre organisme qu'il fabrique lui-même dans les surrénales. Sans cortisol nous ne pourrions pas vivre, nos chiens et nos chats non plus. Il agit sur le métabolisme des glucides, des graisses et des protéines et le corps en a besoin pour surmonter le stress. Le fonctionnement des glandes surrénales est commandé par l'hypophyse, elle-même située dans le cerveau. Quand il y a trop peu de cortisol dans le sang, l'hypophyse sécrète des substances qui poussent les surrénales à augmenter leur production. Si, à l'inverse, il y a trop de cortisol dans le sang, les surrénales reçoivent pour instruction de diminuer, voire de suspendre la production de cortisol endogène. Si cette interaction est perturbée, à cause par exemple d'une tumeur des surrénales elles-mêmes entraînant une production accrue de cortisol, d'une tumeur de l'hypophyse ou d'un apport exagéré par l'extérieur (par le vétérinaire) de cortisone, de nouvelles maladies font leur apparition.

Les interactions entre le taux de cortisol et l'activité des surrénales et de l'hypophyse sont subtiles et peuvent être facilement perturbées, par exemple par l'arrivée de cortisone dans le sang. Malheureusement, il est rarement fait usage de la cortisone avec circonspection. On y a plutôt recours d'emblée, en première intention et en tant que remède de prédilection pour n'importe quelle démangeaison, pour la moindre modification cutanée et pour le plus léger trouble de l'état général. Les vétérinaires semblent partager cette conviction : il faut un effet rapide, si le succès n'est pas immédiat, le propriétaire de l'animal pourrait bien être mécontent.

Tous les animaux allergiques qu'il m'a été donné de voir ces dernières années et qui ont souvent un long calvaire derrière eux ont reçu, sur une longue période, un traitement à base de cortisone. Compte tenu de ce qui est enseigné aux étudiants en médecine vétérinaire, il ne faut pas s'en étonner. Dans les livres destinés à ces étudiants, les traitements applicables aux allergies se limitent pour l'essentiel à l'administration d'antibiotiques et de cortisone.

On s'accommode, semble-t-il, de manière délibérée et sans la moindre critique des effets indésirables. Ces derniers se manifestent surtout si le médicament est pris un certain temps (plusieurs semaines). La cortisone a une action immunosuppressive, ce qui signifie que les infections peuvent être favorisées. Une fois que le chien a pris du poids, qu'il perd son poil ou présente une fonte musculaire, quand il ne quitte plus de la journée sa gamelle d'eau et boit énormément, quand il traînasse en haletant, alors il est trop tard ! À ce stade, seuls les médicaments à vie peuvent encore faire effet et ménager à l'animal une existence à peu près supportable qui n'aura cependant plus grand chose à voir avec la qualité de vie d'un chien ou d'un chat en bonne santé.

La chienne teckel Isis fut l'un de ces tristes cas. Stérilisée de bonne heure, elle fut placée sous traitement permanent à base de prednisolone en raison de démangeaisons persistantes et d'éruptions cutanées. Isis avait l'air d'un porcelet rose bien nourri et bien gras. Son ventre touchait presque le sol, on aurait pu compter ses poils clairsemés et sa peau était mince comme une feuille de papier à cigarette. Elle buvait comme un chameau et ne faisait que traîner, apathique. L'énoncé de ses antécédents était lapidaire : « Syndrome de Cushing iatrogène », c'est-à-dire en français : trouble hormonal déclenché par une faute médicale. La cause de cette maladie est un dysfonctionnement de l'hypophyse, sa conséquence une production excessive d'ACTH (hormone du stress).

Le syndrome de Cushing peut évidemment aussi être dû à un dérèglement, à une tumeur au sein de l'organisme lui-même. On pourrait *a posteriori* arriver à savoir combien de cas sont d'origine iatrogène, mais il n'est pas dans l'intérêt du vétérinaire responsable, bien entendu, d'admettre son erreur. Il est donc rare que les propriétaires éprouvés apprennent la vérité. Ils en sont réduits à offrir une existence à peu près acceptable à leur trésor privé d'une qualité de vie normale. Le fait est que toute maladie artificiellement provoquée est une maladie de trop.

Les traitements à base de cortisone trop fortement dosée et de trop longue durée peuvent aussi rendre nos chiens et nos chats diabétiques (voir à ce sujet le Chapitre 7).

La prescription d'antalgiques se déroule dans le même climat de confiance. Il est légitime, après une intervention chirurgicale ou en cas de douleur aiguë, de donner les médicaments appropriés. Mais de nos jours, on utilise des anti-inflammatoires non stéroïdiens (AINS) pour n'importe quel trouble de l'état général, ou presque. L'industrie pharmaceutique fait preuve d'une grande inventivité en formulant des conseils d'utilisation pour la moindre futilité : la passivité, la fatigue, l'absence de propreté ou encore les sautes d'humeur du chat, par exemple. On recommande donc en première intention et comme remède privilégié un antidouleur courant. Le fait que ces anti-inflammatoires, utilisés sur de longues périodes, puissent provoquer de graves effets secondaires (rein, tractus gastro-intestinal, etc.) n'est bien sûr pas évoqué en cabinet. Voilà comment se renouvelle la cohorte d'animaux consommateurs de médicaments et de propriétaires payeurs.

Et pendant que l'animal est dans notre cabinet, pourquoi ne pas en profiter pour lui coller bien d'autres médicaments soi-disant indispensables, comme les vermifuges ou les anti-puces, etc. à usage régulier, ce qui nous amène au sujet suivant : les cures dites prophylactiques. À en croire les recommandations de l'industrie pharmaceutique, le traitement vermifuge des chiots (avec le Welpan[11] de la firme Bayer, par exemple) devrait commencer dès l'âge de deux semaines et être renouvelée tous les quinze jours. Les jeunes chiens (à partir de trois mois environ) devraient être vermifugés tous les deux à trois mois et les chiens adultes d'un an et plus trois à quatre fois par an (avec le Flubenol de la firme Janssen, par exemple). Les recommandations sont les mêmes pour les chatons, excepté le fait que les chats habitués à sortir devraient être vermifugés encore plus souvent. Si l'on respecte les instructions des notices, un chien adulte aura subi à l'âge de quinze ans quelque soixante-six cures vermifuges ! Les quantités de produits chimiques ingurgitées par nos chiens et nos chats tout au long de leur vie sont inimaginables.

En quoi consiste exactement le traitement vermifuge chimique d'un animal ? Puisque les vermifuges conventionnels empoisonnent et éliminent les vers de l'intestin, le poison (un neurotoxique) est logiquement absorbé aussi par le chien ou le chat et surmène grandement les organes de détoxification que sont les reins et le foie. Cette surcharge prolongée ne se contente pas d'endommager les organes, elle peut aussi faire le lit de l'allergie. J'ai rencontré dans ma pratique de nombreux cas de ce genre, dans lesquels des allergies s'étaient développées sous les coups de massue des vermifuges.

Dans mon cabinet, les propriétaires d'animaux allergiques sont mis au pas et apprennent à tenir leur chien ou leur chat éloigné de tout poison – quelle qu'en soit la forme. Les cures

11 Non disponible en France (NDT).

vermifuges prolongées entraînent en effet une perturbation, si ce n'est la destruction, de la flore intestinale naturelle, avec pour conséquence des diarrhées chroniques. Cette perturbation massive de sa flore rend l'intestin plus susceptible face aux nouvelles infestations par des vers. Quand la flore intestinale est saine, le risque est moins grand de voir les vers devenir un problème grave pour l'animal atteint. En d'autres termes, une flore intestinale saine peut venir à bout d'une infestation mineure et empêche les vers de se multiplier sans frein. Dans la nature, loups et chats sauvages recherchent instinctivement certains tubercules, certaines herbes et certains extraits de plantes qui détachent les vers et les évacuent naturellement. C'est évidemment impossible pour nos animaux domestiques. Ces mélanges de plantes sont toutefois disponibles à la vente et il est possible de les mêler à la nourriture ou de les mettre simplement dans la gueule de l'animal ; à l'inverse des pilules, l'opération se révèle plus facile qu'on pourrait le penser. Ces cures effectuées régulièrement, deux à trois fois par an, sont une alternative naturelle et très efficace aux traitements vermifuges chimiques.

Si l'on nourrit naturellement son chien ou son chat en lui permettant de manger régulièrement de la viande crue, il y a de toute façon bien moins de problèmes de vers que lorsque l'animal reçoit une nourriture purement industrielle. Les bactéries présentes dans la flore intestinale d'un animal nourri avec de la viande crue sont en effet beaucoup plus agressives que celles d'un chien ou d'un chat nourri avec un aliment tout prêt. Les vers ont moins de chance de se sédentariser. Les propriétaires qui veulent s'assurer que leur animal n'a pas de vers peuvent obtenir une garantie supplémentaire en faisant réaliser régulièrement de simples analyses de selles peu coûteuses. Procéder ainsi permettrait d'éviter bien des produits chimiques et épargnerait beaucoup de surmenage à nos animaux et à leurs organes. Que cela soit dans les projets de beaucoup de vétérinaires, je me permets d'en douter, la vente de vermifuges rapportant beaucoup. Un comprimé vermifuge pour un chien d'environ dix kilos est vendu 6,50 euros. À raison de quelque cinquante à soixante traitements vermifuges au cours de la vie du chien, cela revient à 357,50 euros, prix à payer pour des comprimés qui surmènent grandement son organisme. Si le chien pèse plus de dix petits kilos, la facture est à l'avenant.

Afin de vendre un maximum de vermifuges faciles à administrer aux chiens comme aux chats, l'industrie pharmaceutique a eu l'idée d'une formule qui cartonne : le comprimé vermifuge aromatisé ! Grâce à lui, finie la lutte souvent pénible dès qu'il s'agit de donner cet antiparasitaire à son chien ou à son chat. Et quand quelque chose est facile à exécuter, on y a recours plus souvent…

La même irresponsabilité est malheureusement de mise dans le domaine des traitements préventifs anti-puces et anti-tiques. Regardons ce que contient l'une de ces préparations courantes : Frontline Spot-on. Ce produit est appliqué sur la peau et a un mode d'action systémique, ce qui signifie qu'il pénètre dans l'organisme. Le principe actif est le fipronil 268,0 mg ; quant aux excipients, il s'agit des antioxydants artificiels E320 (BHA) et E321 (BHT) chimiquement apparentés au phénol des désinfectants et produits de protection pour le bois. Lors de tests sur animaux et en éprouvettes, il s'est avéré que l'E320 à forte dose modifiait le patrimoine génétique, notamment dans les cellules du tractus gastro-intestinal. Des études sur animaux à long terme ont montré que les excipients E320 et E321 étaient cancérogènes en cas de prise de fortes doses et provoquaient des cancers de l'estomac et du foie chez la souris. Ces deux conservateurs sont du reste utilisés dans les aliments Royal Canin. Quant au fipronil, c'est un neurotoxique qui agit sur le système nerveux central des insectes et provoque leur mort. Il va sans dire que ces poisons atteignent non seulement le sang des insectes à combattre, mais aussi celui des animaux à traiter.

Au sujet des effets indésirables, voici les précisions fournies par la notice[12] :

Parmi les effets secondaires extrêmement rarement suspectés : des réactions cutanées transitoires au niveau du site d'application (décoloration de la peau, alopécie locale, prurit, érythème) ainsi que du prurit général ou une alopécie ont été rapportés. Exceptionnellement : de l'hypersalivation, des symptômes neurologiques réversibles (hyperesthésie, abattement, symptômes nerveux), des vomissements ou des symptômes respiratoires ont été observés après utilisation.

Comme mesure de précaution particulière pour l'élimination de produit non utilisé, il est précisé toujours à propos du fipronil qu'il peut nuire aux organismes vivant dans l'eau, raison pour laquelle il convient d'éviter de contaminer les cours et les pièces d'eau avec le produit ou ses contenants vides.

Cette précision ne vous suffit pas encore ? Qu'à cela ne tienne, continuons :

Ce produit peut provoquer une irritation des muqueuses et des yeux. Donc éviter le contact du produit avec la bouche et les yeux. Il est recommandé que les animaux récemment traités ne soient pas autorisés à dormir avec les propriétaires, surtout les enfants. Ne pas fumer, boire ou manger pendant l'application.

12 Les deux extraits originaux qui suivent sont tirés des mentions légales françaises correspondantes, il ne s'agit pas de la traduction de la version allemande (NDT).

A qui viendrait-il à l'idée de s'infliger cela et de l'infliger à son animal ?

Il va de soi qu'une infestation par des puces doit être combattue, mais il existe pour cela d'excellents produits biologiques. Seule une situation extrême, quand l'infestation devient envahissante et que le propriétaire est dépassé, justifie d'avoir recours à des produits de ce type, à ce point toxiques et agressifs. En cas normal, les sprays à base d'huiles essentielles suffisent amplement. Ce qui vaut pour les vers est valable ici aussi : chez un animal nourri sainement, une infestation par des puces ne prend pas la même ampleur que chez un chien ou un chat nourri de manière industrielle. Chez les animaux nourris naturellement, le système immunitaire qui a moins souffert se défend mieux, en particulier en cas d'allergie aux piqûres de puces.

Frontline[13] & Cie se vendent pourtant comme des petits pains dans la plupart des cabinets vétérinaires. C'est sans avertissement et sans proposer d'éventuelles alternatives que ces produits hautement toxiques et coûteux sont vendus au client, en l'occurrence au propriétaire innocent. Les effets secondaires potentiels ne sont abordés ni dans les cabinets vétérinaires ni dans les pharmacies qui ne sont pourtant pas autorisées à délivrer ces préparations sans ordonnance. Or, des effets secondaires se produisent bien plus souvent qu'on ne l'imagine. Une dernière précision : en traitement et en prévention, il est recommandé d'appliquer la préparation tous les mois. La quantité de poison que les animaux doivent assimiler sans protester est à l'avenant.

13 À la différence de la France, Frontline (fipronil) n'est disponible qu'en pharmacie (sans ordonnance) en Allemagne. Quant au Frontine Combo (fipronil + methopren), il n'est délivré que sur ordonnance en Allemagne et en Suisse.

Impossible d'évaluer les répercussions d'une utilisation continue sur la santé des animaux qui nous sont confiés. Dans la plupart des cas, une seule application au plus fort de la saison des tiques sera sans conséquences. Mais lorsque des poisons sont administrés en permanence, ils s'accumulent au fil du temps et entraînent des dommages à long terme sans que le rapport de cause à effet ne soit établi.

Les cas d'épilepsie d'apparition soudaine, de démangeaisons permanentes inexpliquées, etc. imputables à l'utilisation de produits Spot-on de ce genre ne sont pas rares. Un certain nombre m'ont été présentés dans mon cabinet. J'ai particulièrement en tête le parcours médical d'un chat nommé Jimmy, car il était issu de l'une des portées de ma propre chatte. Âgé de deux ans environ, Jimmy était sans arrêt infesté par les puces, raison pour laquelle il était régulièrement traité au moyen de préparations Spot-on. Il se mit soudain à faire des crises d'épilepsie : il commença par baver énormément, puis il se mit à trembler et enfin tout son corps fut pris de convulsions. Jimmy fut conduit chez le vétérinaire qui lui donna un antiépileptique. Le chat et son propriétaire s'en arrangeaient plutôt bien, sauf que ce dernier n'entendait pas donner à vie à son animal des médicaments qui le rendaient indifférent et apathique. Monsieur B., le propriétaire de Jimmy, voulut en savoir plus et alla consulter un neurologue. Les neurologues adorent ce genre de malades qui permettent de facturer au maître ou à la maîtresse de coûteux IRM et scanners. Suspecté d'être atteint d'une tumeur, Jimmy fut anesthésié pour réaliser une IRM. Aucune tumeur ne fut évidemment détectée chez ce chat âgé de deux ans seulement et aucune cause ne fut déterminée pour les crises. Seule solution préconisée à l'issue du coûteux diagnostic inutile : continuer à donner les comprimés antiépileptiques.

Monsieur B. n'était pas plus avancé. Ce n'est que quelques semaines plus tard que j'appris cette histoire, quand Monsieur B., découragé, m'appela pour tout me raconter.

Quand je l'interrogeai sur les médicaments, les cures de vermifuge et les insecticides administrés avant les crises, il reconnut avoir utilisé tous les mois une préparation Spot-on sur son chat. Il continuait d'ailleurs jusqu'à ce jour à administrer régulièrement une ampoule à Jimmy. Nous avons immédiatement tout laissé tomber : les cures de vermifuge, les Spot-on. Quant aux médicaments antiépileptiques, leur dose a été progressivement diminuée avant arrêt complet. Jimmy n'a plus fait de crise depuis.

En supprimant les poisons de ce genre, il est possible de remédier en très peu de temps à beaucoup de maux. Seulement, personne n'y pense ! Il arrive souvent que l'épilepsie, maladie de plus en plus souvent diagnostiquée chez les chiens et les chats, soit la conséquence de coups de massue chimiques insensés. Dès que nous réalisons à quelles quantités de neurotoxiques nos animaux domestiques sont exposés par l'administration mensuelle de Spot-on et autres traitements vermifuges permanents, le fait que des affections telles que les allergies, l'épilepsie, les lésions cérébrales, etc. soient en constante augmentation ne peut plus nous étonner outre mesure.

Voici le récit d'une propriétaire concernée :

J'ai un petit mâle bichon frisé qui s'est mis à faire de fortes allergies au Frontline (et aussi au Exspot[14]*). Durant la première année, quand nous utilisions Frontline, j'ai remarqué que le jour même de*

14 Equivalent français : Activyl des laboratoires MSD (NDE).

l'application et un jour ou deux après, mon chien était très fatigué et que ses yeux étaient un peu vitreux (comme en cas de fièvre). Nous avons systématiquement observé des symptômes similaires après le rappel annuel de vaccination. La deuxième année, je suis passée à Exspot. Les symptômes ont été les mêmes. La troisième année, j'ai acheté tantôt Frontline, tantôt Exspot. Environ deux semaines après l'application de la troisième ou quatrième dose de la saison, mon petit trésor est carrément tombé à la renverse (comme en cas d'épilepsie). Le « gentil » vétérinaire que nous consultions à l'époque a diagnostiqué une hypertrophie cardiaque, si bien que mon chien a pris pendant un an des médicaments pour le cœur et des comprimés drainants. Les crises ont non seulement persisté, mais sont devenues plus fréquentes et plus fortes (je continuais à utiliser les anti-tiques). Le nouveau vétérinaire chez qui je me suis rendue n'a rien trouvé d'anormal côté cœur et nous a adressés à un spécialiste. Celui-ci a examiné le cœur au Doppler couleur et tout ce qui s'ensuit. Résultat : cœur impeccable. Avant d'aller chez ce spécialiste, j'ai commencé à tenir un journal dans le but de découvrir les agents déclencheurs des crises et d'établir des parallèles entre les dates. C'est alors que je me suis aperçue que toutes les crises sans exception étaient synchrones avec l'anti-tique (elles commençaient toujours une à deux semaines plus tard). Mon chien a fait une nouvelle crise le lendemain de la dose suivante. Je l'ai emmené chez notre vétérinaire à qui j'ai fait part de mes soupçons. Il lui a fait une piqûre d'antidote. Je n'ai plus jamais utilisé ces produits et mon chien n'a plus jamais fait de crise depuis lors (deux ans et demi). Pour moi, c'est la preuve que les neurotoxiques n'ont rien à faire dans la peau d'un chien.

Les chemins de croix de beaucoup de chiens, de chats et de maîtres sont effrayants et rempliraient plusieurs livres. Parfois, ces calvaires durent toute la vie de l'animal qui ne recouvre jamais la santé et reste un malade chronique à l'existence artificielle... pour le plus grand bonheur des vétérinaires et de l'industrie pharmaceutique.

Pour terminer, j'aimerais aborder la question des injections dites reconstituantes auxquelles ont recours beaucoup de vétérinaires à court d'idées, histoire le plus souvent de faire quelque chose quand même. Le propriétaire ne demande pas mieux, pour peu qu'on lui fasse miroiter les avantages de cette injection. Il est facile de faire croire à peu près n'importe quoi à un propriétaire de chien ou de chat qui s'inquiète pour son trésor. Derrière ces injections reconstituantes se cachent le plus souvent des préparations vitaminiques inutiles, de la cortisone ou d'autres substances censées stimuler le système immunitaire. Il va de soi que l'utilisation d'un médicament se justifie en présence de la maladie correspondante. Mais, en son absence ou lorsqu'une carence en vitamines est avérée, ce qui est très rare, ces médicaments sont soit sans effet, soit nuisibles. Les vitamines de synthèse peuvent en effet influencer très négativement les processus métaboliques. Comme leur nom l'indique, elles sont fabriquées de façon synthétique, c'est-à-dire artificielle, et qui plus est à l'aide de bactéries génétiquement modifiées. Elles ne peuvent en aucun cas se substituer aux vitamines naturelles.

Administrer des vitamines sans se poser de questions est loin d'être aussi anodin qu'on le suppose communément. L'opinion répandue selon laquelle « rien de fâcheux ne peut arriver avec des vitamines, si elles ne font pas effet, au moins elles ne font pas de mal non plus » peut causer plus de dégâts qu'on ne le croit.

Ces derniers temps, l'attention se concentre sur certains tableaux cliniques particuliers. Il paraît qu'aujourd'hui presque un chat sur quatre de plus de treize ans souffre d'hyperthyroïdie.

Cette maladie est donc de en plus souvent diagnostiquée chez les chats âgés. La thyroïde et ses hormones commandent plusieurs processus métaboliques. En cas d'hyperfonctionnement, le plus souvent dû à une tumeur, ce processus métabolique est accéléré. Le chat qui en souffre est inquiet, perd du poids alors que son appétit augmente, il a parfois la diarrhée ou vomit et présente diverses modifications cutanées.

En raison de la fréquence soi-disant augmentée de cette maladie, des recherches approfondies ont été menées. On a constaté que les chats qui mangent de la nourriture en boîte avaient trois fois plus de risque de développer une hyperthyroïdie. Des concentrations en iode fluctuantes, le bisphénol A (BPA) présent dans le revêtement des conserves (ce qui est important du point de vue sanitaire car, même si les polymères finaux sont dans une large mesure eux-mêmes biologiquement inertes, ils peuvent le cas échéant libérer la matière première BPA qui, elle, peut nuire à la santé), les phyto-œstrogènes présents dans le soja, ainsi que d'autres impuretés organiques ont été envisagés comme agents déclencheurs (*Vet Journal* 05/2010, Dr. Florian Zeugswetter).

Le bisphénol A est une substance œstrogen-like (qui mime l'action des œstrogènes naturels) utilisée par l'industrie chimique pour produire des matières plastiques spéciales appelées polycarbonates ou résines époxy. Le polycarbonate est un type de plastique polyvalent et facile à travailler qui est présent dans de nombreux produits du quotidien. On trouve du bisphénol A dans les emballages plastiques alimentaires, mais aussi dans les biberons et dans la vaisselle en plastique, par exemple. On le retrouve aussi dans les boîtes de conserve et plus précisément dans le revêtement intérieur en résine époxy.

Le bisphénol A est très controversé, ces temps-ci. Selon le BUND (Bund für Umwelt und Naturschutz Deuschland, l'Association fédérale pour l'environnement et la protection de la nature), le bisphénol A peut porter préjudice au développement cérébral du fœtus, du nourrisson et de l'enfant en bas âge. Chez l'adulte, les études les plus récentes apportent la preuve d'un lien entre des taux de bisphénol A élevés dans le sang et le diabète ou certaines lésions hépatiques et cardiopathies. L'industrie chimique a produit l'année dernière quelque quatre cent dix mille tonnes de bisphénol A. Il s'agit d'un marché d'environ trois milliards d'euros. Les nuisances liées aux bisphénols sont désormais connues. Le seul point de discorde concerne la dose à partir de laquelle la santé est menacée et les nouvelles valeurs limites à fixer. Parions que les bases de ces valeurs seront déterminées en fonction de critères qui n'auront pas grand-chose à voir avec la santé humaine et vétérinaire…

Et d'ailleurs, même si les valeurs limites sont abaissées, rien ne garantit l'absence de préjudice. Nous en savons finalement encore bien peu sur l'effet cumulatif de toutes ces substances toxiques. Dans quelle mesure peuvent-elles s'accumuler dans le corps en cas d'absorption constante, si minime soit-elle ? Nous ne le savons pas encore. Mais nous savons d'ores et déjà que le bisphénol A peut agir dans le corps humain à la manière d'une hormone et que nourrissons et petits enfants courent de grands dangers en cas d'absorption de cette substance.

Le fait qu'il ait été estimé qu'un chat sur quatre de plus de treize ans souffre d'une affection de la thyroïde devrait nous faire réfléchir. Le bisphénol A n'est sûrement pas seul en cause ;

n'oublions pas d'autres facteurs comme les suppléments de soja contenant des œstrogènes et les produits chimiques présents par exemple dans les insecticides.

L'organisme du chat en particulier est extrêmement sensible aux influences perturbatrices. Il est facile de comprendre, compte tenu de l'arrière-plan décrit précédemment, qu'une surcharge permanente, des années durant, en substances contenant des hormones peut avoir un effet dévastateur sur la santé de nos compagnons à pattes de velours. La flambée des cas d'hyperthyroïdie devrait pour nous inciter à nous poser quelques questions.

Ma conclusion issue de l'expérience : moins vaut souvent mieux !

CHAPITRE 7

SABA, LE TONNEAU AMBULANT À QUATRE PATTES

Du caractère discutable des régimes restrictifs et des aliments contre le diabète

SABA, UNE CHIENNE CROISÉE, EST ÂGÉE DE SIX ANS lorsque je la vois pour la première fois dans mon cabinet. C'est un exemple poignant de cas d'obésité. Elle pèse près de vingt-huit kilos pour une taille de cocker ! Avec ses pattes relativement courtes et sa petite tête pointue, elle ressemble davantage à un tonneau qu'à un chien. Elle marche comme un canard et chaque pas la fait souffrir. Tel un aspirateur en marche, Santa avale tout ce qui est à sa portée. En plus de ses croquettes, elle a droit à des friandises, véritables bombes caloriques avec énormément de sucre comme agent de sapidité. Au sein de sa grande famille, chacun garde un œil sur elle et veille à ce qu'elle ne meure surtout pas de faim.

En plus, Saba ne fait pas assez d'exercice. Elle a grandi dans l'appartement sans jardin d'une grande ville et elle ne peut sortir qu'en laisse. Elle n'est donc jamais en liberté, ce qui contribue à sa prise de poids excessive. La famille D. vient me voir avec Saba car la pilule de régime, soi-disant indispensable, administrée par le vétérinaire en plus des coûteuses croquettes, de régime elles aussi, ne passe pas. Cette pilule amaigrissante s'appelle le

Slentrol. Elle est censée renforcer la sensation de satiété naturelle, d'une part, et diminuer l'absorption des graisses contenues dans la nourriture, d'autre part.

Depuis sa première année, Saba prend régulièrement des médicaments anti-chaleurs. À l'âge de cinq ans, elle devient diabétique et a besoin d'insuline au quotidien depuis lors. La famille D. a déjà franchement honte de sortir avec Saba dans la rue. Elle est régulièrement abordée de manière désobligeante par des passants à cause de l'embonpoint de la chienne. Comme, de toute façon, les promenades assez longues ne sont plus possibles, la dépense physique de Saba se limite à quelques minutes de sortie dans l'obscurité du soir et aux aurores. Elle passe le reste de ses journées à ronfler sur le canapé ou dans son panier : une vie peu enviable pour une chienne qui n'a encore que six ans.

Saba souffre de diabète secondaire. Il est ainsi qualifié car il n'est que le symptôme d'une autre affection de base. La cause principale chez elle est certainement le surpoids, mais les piqûres anti-chaleurs régulières qui contiennent de la progestérone peuvent aussi provoquer ce type de diabète. La famille D. ne se débrouille pas si mal avec le diabète de Saba et lui faire sa piqûre quotidienne ne lui pose aucun problème. Mais tous les membres de la famille s'accordent sur le fait qu'elle végète plus qu'elle ne mène une vie de chien agréable. Ils ont bien sûr essayé de la faire maigrir, y compris sous contrôle vétérinaire à l'aide de coûteuses croquettes de régime. Le résultat a toujours été modeste car, avec les croquettes en question, Saba a encore plus appétit qu'avec sa nourriture industrielle « normale ». Rien là d'étonnant puisque si l'on pose un regard critique sur l'un des aliments de régime d'un grand fabricant, on remarque immédiatement que la lignocellulose apparaît en tête des ingrédients.

« *La* **lignocellulose** *(du latin* lignum*, bois, arbre) constitue la paroi cellulaire de plantes converties en bois, elle leur tient lieu d'armature structurelle dans laquelle la lignine est stockée au cours du processus de conversion en bois (lignification).* » (Source de.wikipedia.org) La lignocellulose n'est rien d'autre qu'un concentré de fibres de bois brutes. Grâce à l'énorme capacité de gonflement de ses fibres, le volume de la nourriture augmente, entraînant une satiété mécanique plus rapide. Si une certaine teneur en fibres brutes a sa place dans la nourriture, le fait qu'elles occupent la première place est suspect car le bois ne rassasie pas et le chien développe des fringales.

En deuxième place, nous trouvons la fameuse **farine de volaille** plusieurs fois évoquée. Les farines de volaille se distinguent des farines de viande volaille, qui elles contiennent bien de la viande, par le fait qu'elles se composent de tout ce qui reste du volatile. Ces farines de volaille peuvent par exemple être exclusivement composées de plumes, ce qui explique la très mauvaise qualité des protéines. Or justement, un chien en surpoids a besoin de sources de protéines de grande qualité pour éviter qu'une carence ne génère d'autres maladies. En donnant à un chien ces dangereux produits « light », nous ne faisons que provoquer des pathologies secondaires sous forme d'affections hépatiques et rénales.

Qu'y a-t-il d'autre dans les croquettes amaigrissantes industrielles ? Le **gluten de blé** (« wheat gluten feed ») arrive ensuite. Il s'agit d'un sous-produit industriel de l'amidon de blé et du gluten. Le gluten représente environ quatre-vingts pour cent des protéines totales contenues dans le blé. Le son de blé, quant à lui, est produit à partir de l'enveloppe du grain et est utilisé, dans le cadre d'une alimentation humaine complète (muesli, pain croustillant, etc.), comme pourvoyeur de fibres.

Le gluten de blé est utilisé partout dans l'élevage de porcs. Ce produit constitue un complément parfait pour les rations des porcs à viande ou d'élevage et des porcelets. Il vous permet de donner une ration dont la concentration énergétique est élevée. Le produit a bon goût et abaisse le coût du fourrage (Source : newsletter du site [15]www.raiffeisen.com)

Le gluten de blé est donc un pourvoyeur de protéines végétales. Or, les protéines végétales ne sont que très peu assimilables par le chien et encore moins par le chat. Leur donner à manger ce type d'aliment revient à les transformer en herbivores. Des pathologies secondaires sont carrément programmées à l'avance. Le **tapioca**, dont le nom sonne agréablement à l'oreille de prime abord et qui figure en position suivante parmi les ingrédients, n'est rien d'autre qu'une fécule au goût neutre (produite à partir de la racine de manioc) qui, non seulement tient lieu de pourvoyeur de glucides, mais empêche également, grâce à sa transformation en masse collante lors de la production, que les croquettes ne se décomposent après refroidissement. Aucune protéine animale à l'horizon jusqu'à présent. Les protéines animales ne figurent qu'en toute fin de liste des ingrédients déclarés, sans précisions sur leur nature exacte. Étant donné que les ingrédients doivent être indiqués par ordre d'importance quantitative, cela donne une idée de la proportion de protéines animales de qualité présente dans ces croquettes ! Les aliments de type « light » se composent donc pour l'essentiel de « matière de remplissage » sans valeur.

Malgré les croquettes de régime, Saba est de plus en plus grosse. Pour tenter de calmer ses fringales, elle fait des razzias : pas une poubelle, pas un tas d'ordures n'échappe à ses expéditions et elle

15 Groupement coopératif d'entreprises du secteur agricole et bancaire, baptisé du nom de son créateur (NDT).

vole sur la table tout ce qu'elle peut joindre. Elle développe pour ce faire une agilité insoupçonnée : il n'est pas rare, dans la famille D., que le rôti ou le gâteau du dimanche disparaisse purement et simplement, même quand il était « en lieu sûr » en haut du buffet. Et à l'occasion des promenades de plus en plus rares, elle trouve le moyen de dégoter tout ce qui est un tant soit peu mangeable. Le vétérinaire habituel fait sans cesse diminuer les quantités de nourriture, ce qui ne donne pas grand-chose. Saba perd certes par moments quelques centaines de grammes, mais cela ne dure jamais longtemps. Car, en raison de sa carence en substances nutritives, ses fringales persistent et elle est habile à les calmer. Quand seul un pauvre « bouche-trou » est à disposition, la sensation de faim demeure, quelle que soit la quantité donnée, et se renforce tant que l'organisme est privé des substances indispensables. C'est la raison pour laquelle de nombreux chiens qui mangent « light » ont faim en permanence. De plus, la teneur élevée en fibres brutes de cet aliment difficile à digérer surmène les organes chargés du métabolisme et peut provoquer, à la longue, des troubles fonctionnels persistants. C'est toute la digestion qui est compliquée par l'ensemble des composants, tous difficiles à digérer. Des manifestations telles que des vomissements, des diarrhées, des constipations, etc. s'ensuivent et le système immunitaire connaît un affaiblissement général. C'est aussi la raison pour laquelle beaucoup de chiens développent des allergies sérieuses, se traduisant par des symptômes cutanés et/ou intestinaux prononcés, après un régime « light ». C'est le cas de Saba. Son pelage est de plus en plus terne et elle se gratte sans arrêt. Des piqûres de cortisone lui sont faites tous les mois contre les démangeaisons avec pour effet de la soulager provisoirement.

Lorsque son diabète est diagnostiqué, sa glycémie atteint 310 mg/dl (la norme chez le chien oscille autour de 100 mg/dl). Le diabète est lié au manque d'insuline ; la décomposition du sucre sanguin ne se fait plus suffisamment ou plus du tout, d'où l'hyperglycémie. Si celle-ci n'est pas contrée par des apports d'insuline, de graves lésions des organes s'ensuivent, dont la cécité dans le pire des cas. Suite au diagnostic, Saba passe aux croquettes anti-diabète qui se distinguent peu des croquettes anti-obésité, à ceci près qu'est utilisée comme agent de remplissage la **carraghénane** (E407) adaptée aux diabétiques. Dans l'industrie alimentaire, cette substance sert à épaissir les confitures, les crèmes glacées, la crème fraîche, etc. Dans les produits de régime et « light », elle donne plus de volume sans augmenter le moins du monde la valeur nutritionnelle. Produite à partir d'algues rouges, elle est soupçonnée d'être responsable d'ulcères du tractus gastro-intestinal et de favoriser l'apparition de cancers de l'intestin et du sein. Indigeste et de faible poids moléculaire, elle est retenue par les cellules de la paroi intestinale et ne se décompose pas davantage. La conséquence peut être la mort cellulaire qui elle-même entraîne la destruction de la paroi intestinale et l'apparition de cellules cancéreuses. La chercheuse américaine Joanne Tobacman a établi un rapport de cause à effet entre l'augmentation de la consommation de cet épaississant et des taux de cancer du sein et d'ulcère du tractus gastro-intestinal plus élevés. La quantité consommée est évidemment déterminante : c'est une consommation continue et non isolée, c'est-à-dire l'effet cumulé, qui peut déclencher ces maladies. Ce qu'un épaississant de ce genre fait dans de la nourriture pour chien m'échappe…

Le diabète est devenu le deuxième trouble hormonal le plus répandu chez le chien. Les animaux malades sont dans quatre-vingts pour cent des cas des chiennes non stérilisées. Au cours de l'une des phases de leur cycle (metœstrus), l'hormone nommée progestérone est sécrétée. La progestérone stimule la formation d'hormones de croissance antagonistes de l'insuline. Rétrospectivement, il n'est bien sûr plus possible de déterminer si dans le cas de Saba le diabète a été déclenché par les piqûres d'hormones contenant de la progestérone et servant à repousser les chaleurs, par les piqûres mensuelles de cortisone, par l'obésité ou par les trois facteurs conjugués. Il est toutefois possible de faire en sorte, en instaurant quelques changements, que la quantité d'insuline administrée soit abaissée.

Ce qui est prioritaire dans le cas de Saba, c'est d'enclencher une perte de poids durable et d'éviter les piqûres d'hormones et de cortisone. Pour qu'un régime restrictif soit sain, la perte de poids ne doit pas excéder un à deux pour cent du poids total par mois, l'essentiel étant de fournir des protéines de bonne qualité. De beaux jours s'annoncent pour Saba. Soixante-quinze pour cent de ses besoins seront désormais couverts par de la viande fraîche, des cartilages et des os, auxquels viendront s'ajouter des légumes et des herbes aromatiques. Les glucides seront limités au minimum et il y aura peu de matières grasses, sous forme d'huiles de qualité. L'objectif est d'abord d'alléger Saba d'environ quatre kilos en un an.

La famille D. respecte toutes les consignes et Saba change à vue d'œil. Les os l'occupent pendant des heures, les ronger lui procure énormément de plaisir : elle apprécie simplement d'être un chien. Bien qu'habituée depuis chiot à ne manger que des boîtes et des croquettes, elle passe facilement et sans problème à une nourriture crue biologiquement appropriée (BARF). Les fringales ne tardent pas à se faire de plus en plus rares et Saba est tellement occupée avec ses os qu'elle en oublie de fouiner dans la poubelle.

Le résultat au bout d'un an est une perte de poids de quatre kilos et demi tout juste. Saba ne pèse plus « que » vingt-deux kilos et demi. Les promenades l'intéressent de nouveau et les passants ne se moquent plus d'elle. Elle est certes encore trop grosse, mais aujourd'hui, deux ans plus tard, elle ne pèse plus que vingt et un kilos et il est possible de la maintenir à ce poids grâce au changement de nourriture observé. Puisque la famille D. est nombreuse, le père a fait un planning, afin de procurer assez d'exercice à Senta. Chaque jour, c'est au tour d'un nouveau membre de la famille de passer au moins une heure avec la chienne dans nature, à faire du jogging ou simplement à marcher d'un bon pas. Cela fonctionne à merveille.

Par ailleurs, il a été possible de réduire de moitié les prises d'insuline ; quant aux injections de cortisone, elles se sont avérées superflues en quelques semaines, les démangeaisons ayant complètement disparu. L'idée de faire stériliser la chienne pour éviter les piqûres d'hormones et échapper à la hausse naturelle de progestérone était bien sûr d'actualité. Mais puisque la famille D. refusait de faire opérer sa chienne et que, de mon côté, je ne pouvais pas promettre que l'opération permettrait de contrôler son diabète, nous avons laissé Senta avoir naturellement ses chaleurs deux fois par an. Cela fonctionne sans problème : la famille D. lui injecte chaque jour sa dose d'insuline déjà considérablement réduite et Senta profite de sa vie de chien.

Le diabète est presque toujours irréversible chez le chien, c'est-à-dire incurable. Il est certes possible de réduire au minimum les symptômes et de diminuer les prises d'insuline. Mais, cela prend du temps. Si l'on réalise qu'environ quarante pour cent de nos chiens et de nos chats sont en surpoids et que dix pour cent environ sont franchement obèses, c'est un gigantesque marché qui s'ouvre, non seulement pour la nourriture « light », mais aussi pour les pilules amaigrissantes comme le Slentrol cité précédemment. Selon son fabricant Pfizer, le Slentrol a été testé sur six cent chiens qui auraient perdu, en l'espace de six mois, dix-huit à vingt pour cent de leur poids. Les études menées par Pfizer et d'autres fabricants eux-mêmes doivent, comme nous le savons désormais, être prises avec d'infinies précautions car elles sont rarement objectives. En effet, les sujets testés qui ne réagissent pas de la manière désirée sont retirés des études et, disons-le sans détour, falsifications et mensonges persistent jusqu'à obtention de la réussite souhaitée. Comme toujours, les intérêts économiques sont au premier plan. Car qui paierait de coûteuses études pour qu'il n'en ressorte rien, voire des résultats négatifs ? Mises à part ces réussites au caractère suspect, les effets secondaires, comme ceux du Slentrol par exemple, peuvent être considérables. La notice conseille, en cas d'apparition d'affection hépatique, de supprimer immédiatement le médicament et, en cas vomissements ou de diarrhées répétés, de réduire la dose de vingt-cinq pour cent ou d'interrompre complètement le traitement. Le Slentrol (substance active : dirlotapide) est une préparation qui, à l'origine, fut conçue pour les personnes en surpoids et testée sur elles. Mais, à cause d'effets secondaires sévères, tels que maux de tête, ballonnements importants, coliques, diarrhées et flatulences, ce médicament n'a pas obtenu l'autorisation d'être utilisé par l'homme. Intéressant, n'est-ce pas ?

Le dirlotapide est une substance qui, par sa constitution, inhibe la dissolution des graisses et leur résorption par la paroi intestinale. D'autre part, l'appétit est censé être diminué par la sécrétion dans le système nerveux central de certaines hormones de satiété. Les chats ne doivent en aucun cas prendre ce bloqueur de graisses car la modification du métabolisme peut déclencher chez eux de graves maladies de foie.

Voici un extrait du magazine vétérinaire *Editorial Kleintiermedizin* (éditions 1 et 2/2007) qui traite de l'introduction du Slentrol dans les cabinets :

Chères consœurs, chers confrères,

L'embonpoint des chiens (et de leur propriétaires) est un mal très répandu dans notre société prospère. Des experts estiment que quarante pour cent sont en surpoids et dix pour cent obèses d'un point de vue clinique. Si l'on part du principe qu'une cure d'amaigrissement s'étend sur plusieurs mois, le potentiel des bloqueurs de graisses est facile à réaliser. Pouvons-nous nous permettre de rejeter pour cause de décadence un produit comme le dirlotapide (Slentrol) ? Ou bien n'est-il pas plus intelligent de saisir cette nouvelle chance d'ancrer le secteur de la perte de poids dans nos cabinets, loin des régimes restrictifs suspects disponibles dans le commerce détail ? La compétence est de notre côté. Le Slentrol est délivré sur ordonnance ; les informations sur le produit précisent que son usage doit se faire sur indication vétérinaire et sous contrôle clinique. Le but est d'écarter les risques liés au surpoids et de recouvrer condition physique et santé. Que demander de plus ? Le lancement en Europe prendra encore quelques mois. Ce n'est pas plus mal car, entre-temps, vous aurez l'occasion d'écouler discrètement vos stocks d'aliments amaigrissants. Car quel maître aura encore envie d'acheter des croquettes de régime insipides, chères et souvent dédaignées par son chien, alors qu'il sera de nouveau possible de lui donner tout ce qu'il aime et que par-dessus le marché il maigrira grâce à quelques petites gouttes d'additif (dirlotapide) ?

Bien sincèrement,

Dr Dieter Müller
(médecin vétérinaire, spécialiste des animaux de compagnie)

Mes chers confrères savent donc très bien à quoi s'en tenir avec les régimes restrictifs à l'intérêt contestable. Mais tous ou presque vendent les produits correspondants. Une fois de plus, le profit tient lieu d'éthique, je ne peux que le réaffirmer.

CHAPITRE 8

LA TRISTE HISTOIRE DE MAX, LABRADOR DE CINQ ANS

Quand chiens et chats sont victimes d'un mauvais usage de la médecine high-tech

LE LABRADOR MAX EST TRANSPORTÉ AU BEAU MILIEU DE LA nuit par sa maîtresse, Madame R., jusqu'à la clinique vétérinaire. Il est faible, apathique et Madame R. ne veut pas attendre jusqu'au lendemain matin car Max est vraiment mal. À la clinique, la jeune assistante de garde commence par faire une radio de l'abdomen, puis une échographie et une prise de sang. Max est pris en charge dans un état stationnaire et mis sous goutte-à-goutte. Madame R. rentre chez elle épuisée, mais avec le sentiment rassurant que l'on prendra bien soin de son chien. De bonne heure le lendemain matin, elle est déjà de retour auprès de Max. Là, le chef de clinique présent refait une échographie. Il analyse une nouvelle fois les résultats sanguins et soupçonne une tumeur de la rate, très probablement rompue.

Jusque-là, rien à dire. Grâce à la perfusion, Max va un peu mieux et sa maîtresse est autorisée à le ramener à la maison. « On va attendre », dit le chef de clinique, « vous nous rappelez si Max va plus mal. » Mais, sur le trajet du retour, Max s'effondre de nouveau. Il n'arrive plus à bouger ni même à seulement lever la tête.

Madame R. décide de rejoindre mon cabinet sur-le-champ. Le pouls de Max indique déjà à lui seul que le chien est sur le point de mourir d'une hémorragie. Malgré l'opération d'urgence, qui a consisté à retirer la rate et la tumeur rompue, Max meurt deux heures plus tard d'avoir perdu trop de sang. Le sang a littéralement débordé dès l'ouverture de l'abdomen et il en suintait sans arrêt de la tumeur déchirée. Si Max avait été opéré quelques heures plus tôt, il aurait pu être sauvé, d'autant qu'un chien peut très bien vivre quelques années sans rate.

Je connaissais bien personnellement le chef de clinique. Lorsque, faute de comprendre, je lui ai demandé avec insistance pourquoi il n'avait pas opéré immédiatement le chien – son diagnostic, tumeur de la rate rompue, étant juste –, il m'a répondu que, d'un point de vue statistique, tel pourcentage de tumeurs de la rate rompues cessaient de saigner toutes seules et que les chiens opérés ne survivaient pas très longtemps non plus. Et quand j'ai voulu savoir pourquoi il avait renvoyé à la maison un chien dans cet état, je n'ai pas obtenu qu'une réponse évasive, non satisfaisante.

Bien entendu, les frais de clinique n'ont pas été remboursés à la famille de Max. Aucune faute n'avait été commise, puisque l'état de Max s'était amélioré quand il a quitté le cabinet. Telle fut en tout cas l'argumentation du chef de clinique.

Quand des erreurs de ce genre sont commises par de jeunes assistants, on peut peut-être encore le comprendre – même si elles sont graves – et une formation intensive leur permet de s'améliorer. Mais de la part d'un directeur exerçant au sein de sa propre clinique depuis trente ans, c'est une preuve d'incapacité caractérisée. Les jeunes assistants hésitent fréquemment quand s'agit de poser un diagnostic. C'est humain et compréhensible, d'autant qu'on leur donne souvent beaucoup (trop) de responsabilités, dans les cliniques en particulier. Il leur arrive d'avoir quelques difficultés à maîtriser certains protocoles d'examen clinique simples qui réclament du doigté, de la psychologie et un peu de bon sens. De peur de passer à côté de quelque chose, tout l'appareillage médical possible est utilisé pour pouvoir s'appuyer sur l'exploitation des résultats, qu'ils recoupent ou non l'examen clinique.

Je n'ai jamais vraiment su pourquoi Max avait été renvoyé chez lui, l'habitude dans les cliniques étant de soigner tant bien que mal plutôt trop que pas assez. L'animal est de moins en moins considéré comme un malade, mais davantage comme un client qui doit subvenir en les utilisant au financement de coûteux appareils, d'aménagements démesurés et d'une équipe. Il est clair alors que les intérêts vétérinaires passent après les contraintes financières. À partir du moment où un animal est traité comme un client, tout se passe comme dans l'économie libérale : on peut ou il faut vendre le plus possible, peu importe le besoin réel du client. Morale médicale et éthique passent complètement au second plan. En médecine pourtant, et ceci vaut autant en médecine vétérinaire qu'en médecine humaine, il est question d'êtres qui souffrent et qui ne viennent pas chez le médecin pour s'amuser, mais parce qu'ils veulent être guéris. S'ils tombent sur l'un de ces médecins de plus en plus nombreux qui ne considèrent plus leurs patients que comme une clientèle qui paie, à qui il faut coller autant d'examens, de traitements et de médicaments que possible, c'en est fini de l'éthique professionnelle. Oubliée la morale, seul compte le profit. Il est facile de faire croire n'importe quoi au propriétaire d'un animal qui ne veut rien d'autre que le meilleur pour lui. Plus un cabinet vétérinaire est grand et cher, plus il doit être rentable, ce qui complique beaucoup les choses et incite à jouer avec la peur et la sollicitude du propriétaire. Des appareils coûteux comme les tomographes à résonance magnétique nucléaire et assistés par ordinateur dont le prix excède souvent 150 000 euros doivent évidemment être amortis, pas question par conséquent de prêter attention aux propriétaires entêtés ou récalcitrants.

Un cas qui s'est déroulé en Bavière illustre très bien cette situation. Monsieur P. voulait en l'occurrence faire faire une tomographie à résonnance magnétique à son chien sur le conseil de son vétérinaire. À l'issue du diagnostic, Monsieur P. refusa cependant, en raison de l'âge déjà très avancé du chien, l'opération recommandée et s'entendit répliquer : « On n'a pas idée de refuser une opération comme celle-là quand on sait combien coûte la technique de diagnostic utilisée ! Le professionnel est censé couvrir ses frais comment ? » Monsieur P. a quitté la clinique allégé de 600 euros en se jurant de ne plus jamais y remettre les pieds. Son chien a survécu sans opération encore quelques mois et, à quatorze ans, il fut libéré de ses souffrances.

On m'objectera qu'il faut bien qu'il y ait des vétérinaires capables de réaliser des examens de ce genre. Je n'en disconviens pas le moins du monde. Mais quand examens et opérations ne sont réalisés que pour faire du profit et non par nécessité médicale, et cela au détriment de l'animal et de son maître, c'est moralement indéfendable. Il est rare qu'un propriétaire soit en mesure de faire la part des choses entre ce qui vraiment indispensable et ce qui ne doit être fait que pour exploiter au maximum des appareils et augmenter un chiffre d'affaires. Les « exploitants » comme j'aime à les appeler ont donc le champ libre. Il est pourtant possible de substituer aux examens qui réclament une technique médicale compliquée des évaluations cliniques à la fois simples et précises. Il n'est pas rare non plus que les propriétaires d'animaux ne puissent s'en prendre qu'à eux-mêmes. C'est le cas quand, loin de se satisfaire de méthodes simples, ils exigent carrément des examens inutiles. Rien d'étonnant à cela puisque, par leur propre expérience de la médecine humaine, ils sont habitués à être examinés en long en large et en travers par toutes sortes d'appareillages avant qu'un diagnostic définitif ne soit posé. À croire que médecines humaine et vétérinaire ne valent plus rien sans leurs gadgets technologiques. Doigté, bon sens et œil cliniquement exercé n'ont plus la cote, malheureusement. Si une tomographie assistée par ordinateur s'avère vraiment nécessaire pour un animal, ce qui est rare, il est possible de demander au propriétaire concerné de se rendre dans une université indépendante un peu plus éloignée pour y faire réaliser l'examen. Les cliniques universitaires doivent certes travailler elles aussi selon certains critères économiques, mais elles sont logiquement moins touchées par la course au profit personnel que les cabinets et cliniques privés.

Je ne résiste pas à l'envie de vous livrer à ce sujet le témoignage d'une propriétaire de labrador à propos de son expérience avec un vétérinaire neurologue :

> *Notre séjour à la clinique vétérinaire de P. en Bavière :*
> *Tout a commencé ce triste lundi matin, quand nous avons été envoyés à P. avec notre labrador mâle de deux ans, Quipu, pour y consulter un neurologue suite à une suspicion d'infarctus de la moelle épinière ou de hernie discale. Au moment du petit déjeuner pris en commun, nous avons réalisé que quelque chose n'était pas comme d'habitude : il manquait le chien ! Nous avons eu beau l'appeler plusieurs fois, notre Quipu n'a pas rejoint la table, alors qu'en raison de son appétit il est toujours le premier. Nous sommes*

allés voir et quand nous l'avons trouvé dans l'entrée, nous avons constaté qu'il ne pouvait presque plus marcher. Nous avons bien sûr tout de suite décidé d'aller chez notre vétérinaire. Comme par hasard, cet événement (unique, espérons-le) s'est produit juste au moment où notre vétérinaire habituelle profitait de sa semaine de congé annuel bien mérité. Après avoir examiné Quipu, un intérimaire, visiblement embarrassé, lui a fait une piqûre de cortisone et nous a adressés à un spécialiste, soi-disant neurologue pour animaux, consultant au sein d'une clinique vétérinaire dédiée à la neurologie.

Nous sommes arrivés là avec notre chien qui ne pouvait toujours qu'à peine marcher. « Ah, oui, c'est vous l'urgence », nous a-t-on dit en nous remettant d'emblée une kyrielle de questionnaires à remplir. Mon mari a regardé autour de lui et prêté l'oreille à ce que disait une assistante au téléphone : non, il n'était plus possible de venir passer un scanner aujourd'hui, trois urgences étant arrivées entre-temps. L'affiche collée au mur derrière son dos, qui indiquait qu'un scanner coûtait 600 euros, rendit mon mari passablement nerveux. Après avoir rempli scrupuleusement l'ensemble des questionnaires, nous avons été priés d'entrer dans le cabinet de consultation où, pour la première fois de notre vie, nous avons rencontré un neurologue pour animaux. Quel spectacle ! Certes, les génies ont parfois la réputation de ne pas accorder forcément beaucoup d'importance à leur apparence, mais sa magnifique chevelure était au-delà de tout ce nous pouvions imaginer et ne faisait que confirmer le cliché du savant fou. Nous nous attendions à trouver toutes sortes d'instruments high-tech, mais le cabinet était équipé comme un bureau normal. Le neurologue voulut avoir une idée précise du déroulement des dernières heures. Nous avons essayé de nous en tenir à ce qui nous semblait l'essentiel, c'est-à-dire aux symptômes présentés par notre chien. Mais, cela fut loin de répondre aux attentes de notre interlocuteur. Les détails du changement d'allure firent l'objet d'une discussion non seulement minutieuse, mais imagée. En d'autres termes, ce vétérinaire de grande taille et coiffé comme un mouton se mit à imiter la démarche supposée de notre chien. De nombreux détails comme la direction prise par les pattes arrière, la courbure du dos et l'expression du chien firent l'objet de la plus grande attention et il en fut tiré d'éloquentes conclusions.

Entre-temps, avec sa piqûre de cortisone et après avoir déposé de volumineuses selles en arrivant devant le cabinet de neurologie, notre chien s'était légèrement remis. Pendant son examen, il émit un pet retentissant qui suscita la plus grande considération de la part du neurologue et permit visiblement de tirer de nouvelles conclusions utiles pour le diagnostic. De son côté, mon mari, constatant que notre chien s'était remis debout et voyant ainsi s'éloigner la menace d'une facture de 600 euros, commença lui aussi à se remettre lentement. Quelques pets plus tard et après un examen au marteau neurologique exécuté dans les règles de l'art, au cours duquel le neurologue se mit littéralement au niveau de notre chien (il était étendu au-dessous de lui), on fit une prise de sang à Quipu qui fut analysé dans le laboratoire de la clinique. Après une piqûre de vitamines B, notre chien fut gardé en observation tandis que nous étions priés d'aller attendre au café tout proche. Mon mari, qui en était encore à digérer les événements du jour, n'échangea pas le moindre mot avec moi durant notre petit-déjeuner tardif.

Une demi-heure plus tard, nous avons regagné la clinique et c'est avec joie que, dès l'entrée, nous avons entendu notre chien aboyer. À l'ouverture de la porte, notre Quipu vint à notre rencontre en remuant la queue ; il n'avait plus l'air perturbé le moins du monde. Nous avons quitté la clinique – au passage sans diagnostic clair – prétendant revenir bientôt, allégés de 400 euros et enrichis d'une expérience que nous ne sommes pas près d'oublier.

Quand notre vétérinaire habituelle a été de retour, nous avons une nouvelle fois fait examiner notre chien. Après avoir écouté de quelle manière tout s'était déroulé, elle en a conclu qu'il avait tout simplement trop mangé, ce qui lui avait donné de douloureux maux de ventre l'empêchant de se lever. Les selles démesurées et les pets déconcertants étaient eux aussi les indices d'un problème digestif aigu. La visite chez le neurologue et les examens réalisés là-bas étaient donc superflus et nous aurions pu assister, en nous rendant au théâtre, à un numéro de pantomime tout aussi habile et fascinant pour bien moins cher.

Bien sûr – et Dieu merci –, le métier de vétérinaire est une profession libérale et il est normal que chaque médecin puisse acquérir les appareillages et les instruments qu'il considère lui-même comme nécessaires. Je suis en revanche résolument critique à l'égard des procédés de certains de mes confrères face à des chiens, à des chats et à leurs propriétaires qui sont nombreux à ne pas savoir se défendre et sont livrés désarmés aux vétérinaires. Ce sont eux les vraies victimes d'une médecine désormais subordonnée aux intérêts économiques. Un aspect positif se fait néanmoins sentir : le nombre de propriétaires d'animaux incrédules augmente sensiblement ces derniers temps, même s'il ne représente encore qu'une infime proportion d'entre eux.

Dans le cas de la mort du mâle labrador Max, plusieurs facteurs ont joué un rôle. Nous avons d'abord bien sûr le manque d'assurance de l'étudiante vétérinaire qui a pris en charge Max la première et qui était tenue de réaliser tous les examens pouvant éclairer, les contraintes matérielles et leur coût incombant au propriétaire. Si Max avait été opéré immédiatement, les examens superflus n'auraient dérangé personne. Mais dans un cas comme celui-là qui s'est soldé par la mort de l'animal, le procédé prend d'autant plus d'importance.

La spécialisation gagne du terrain. Rien là de mal en soi car un vétérinaire peut ainsi acquérir dans certains domaines une formation plus poussée que celle prévue pour les « vétérinaires généralistes ». Mais si cela consiste à découper les animaux en pièces détachées, à considérer isolément puis à réparer, alors l'organisme n'existe plus dans sa globalité et l'on fait fausse route.

Comme en médecine humaine, on ne traite souvent plus que des symptômes. L'ophtalmologue ne s'occupe que des yeux sans prendre en considération les causes qui sont peut-être à rechercher en dehors de l'œil ; le dermatologue se précipite sur les modifications cutanées et fait l'impasse sur les liens de cause à effet ; le chirurgien opère toujours, même si d'autres méthodes moins invasives existent, etc. Malheureusement, cette tendance a aussi fait son apparition en médecine vétérinaire. Les praticiens qui considèrent l'animal comme un tout et l'examinent en conséquence sont de moins en moins nombreux et les spécialistes bornés oublient comment s'effectue un examen clinique général. Ils n'en ont plus besoin puisque les animaux leur sont adressés par des confrères qui ont déjà réalisé une présélection. Permettez-moi de douter qu'il s'agisse de la bonne voie. En critiquant la symptomatologie pure, courante dans la médecine d'aujourd'hui, je remets bien sûr en cause une bonne part de la médecine officielle. Je ne puis en dire davantage sans dépasser le cadre de ce livre et je traiterai prochainement cette question à part.

Rares sont les confrères qui admettent leurs erreurs. En trente ans de pratique, les exemples s'accumulent et voici pour clore ce chapitre l'un d'entre eux, caractéristique.

Le mâle berger Mac se présente chez le vétérinaire M. Mac boite de la patte avant gauche. Une radio est effectuée. Elle ne révèle rien d'extraordinaire et le chien est renvoyé chez lui avec un antidouleur. Une semaine plus tard, Mac boite toujours. Une nouvelle radio est effectuée, par un autre vétérinaire cette fois. Diagnostic : fracture nette de la patte. Le second vétérinaire veut vérifier auprès du premier si par hasard il ne s'est pas trompé de patte, ce qui, dans le feu de l'action, peut arriver. L'échappatoire du premier vétérinaire consiste à prétendre que le propriétaire lui a présenté un autre chien la semaine précédente et qu'il s'agit de sa radio. Le propriétaire de Mac, qui n'a pas d'autre chien, se sent dupé et appelle courtoisement le vétérinaire M. pour lui demander un remboursement au moins partiel qui lui est refusé. Aucune erreur ne sera reconnue. Le maître de Mac n'a pas la moindre chance d'être indemnisé et sa confiance en la profession en a pris un sérieux coup.

CHAPITRE 9

POURQUOI TANT DE MÉFIANCE ENVERS LA NOURRITURE CRUE BIOLOGIQUEMENT APPROPRIÉE

Comment les vétérinaires surévaluent la nourriture prête à l'emploi et favorisent sa vente

DANS CE CHAPITRE, MON INTENTION N'EST PAS, CHERS lectrices et lecteurs, de vous embêter avec des tableaux de valeurs nutritives ou des besoins précis tels qu'on les trouve dans les livres exclusivement consacrés à l'alimentation ; leur place n'est pas ici. J'entends plutôt vous montrer à quel point il est simple de nourrir un chien ou un chat d'une manière appropriée à son espèce.

Commençons par le **chat**.

Originaires du désert, les chats ne sont pas habitués à boire beaucoup. C'est d'abord en s'alimentant qu'ils absorbent la quantité de liquide qui leur est nécessaire. Dans la nature, ils comblent leurs besoins en chassant, en tuant et en mangeant des souris (six à douze par jour), des serpents et d'autres petits animaux. Aussi mignons et câlins soient-ils, n'oublions pas que nos chers félins de salon ne sont à l'origine rien d'autre que des prédateurs.

Ces faits, personne ne les conteste. Pas même les soi-disant experts en nutrition à la solde d'entreprises qui leur donnent pour mission de concevoir des aliments pour chats et chiens appropriés. Il n'en reste pas moins que, dans la pratique, on ne tient aucun compte de ces réalités. Voici en effet ce qu'on peut lire sur la page d'accueil de l'un des plus grands fabricants qui commercialise entre autres des aliments de régime distribués exclusivement chez les vétérinaires : « Étant donné que le chat est un carnivore, nous utilisons principalement des matières premières d'origine animale de grande qualité. » En passant à la loupe les différents ingrédients, on s'aperçoit que c'est faux. On peut lire ensuite que « ces matières premières sont combinées avec des glucides (riz et maïs) et des fibres végétales sélectionnées (pulpe de betterave et fibres de maïs). »

Tiens, donc ! Et pour quoi faire ? Si le chat est un pur carnivore, à quoi servent les glucides contenus dans cet aliment et, qui plus est, dans des quantités qui dépassent de loin celles des protéines ? Éplucher l'ensemble des ingrédients déclarés pour chacun des nombreux aliments vendus chez les vétérinaires nous mènerait trop loin, d'autant que je l'ai déjà en partie fait dans les chapitres précédents.

Le fait est que tout se déroule toujours selon le même schéma erroné. Les indications générales quant à la manière de nourrir un carnivore pur (comme le chat qui a besoin de 93 % de protéines) ou un omnivore (comme le chien) sont justes. Mais la plupart du temps, la composition des produits fabriqués par l'industrie s'écarte considérablement, si ce n'est complètement, de ces directives. Pour être franche, j'ai du mal à comprendre pourquoi si peu de gens le remarquent, qu'il s'agisse des vétérinaires ou des propriétaires avertis.

Il est pourtant plus qu'évident que les besoins organiques d'un chien ou d'un chat n'ont rien à voir avec ce que propose l'industrie. Cela devrait nous sauter aux yeux, en particulier à nous, vétérinaires !

Voici l'extrait d'un site Internet vantant les qualités d'un aliment spécial distribué exclusivement par les vétérinaires : « *Plus homme et chien cohabitent étroitement, plus les risques d'erreurs nutritionnelles augmentent, le danger pour le chien étant d'être humanisé.* » Jusque-là, tout va bien, mais voici la suite : « *Malgré la consommation d'aliments complets de grande qualité, des problèmes d'origine alimentaire surviennent fréquemment : poil terne, peau sèche, démangeaisons ou douleurs dans les membres.* »

Vous y comprenez quelque chose ? On ne rencontre aucun problème de ce genre avec une nourriture crue biologiquement appropriée (BARF). N'importe quel propriétaire qui donne de la viande fraîche à son chien ou à son chat le sait. Pourquoi, quand il s'agit de nourriture fabriquée industriellement, met-on en garde dès la page d'accueil contre d'éventuels problèmes ? La confiance du producteur en ses propres aliments semble limitée. Cette précision a-t-elle pour but d'inciter l'acheteur à en essayer différentes sortes ? Si des intolérances, voire des maladies, surviennent, faut-il en conclure que ce n'était pas la bonne ? Une vétérinaire très connue en Autriche, spécialisée en nutrition et diététique et travaillant pour l'un des plus grands producteurs, attire l'attention dans ses nombreux « articles spécialisés », qui au passage ressemblent davantage à des communiqués publicitaires, sur le fait suivant : « *Les vomissements, la diarrhée, la paresse intestinale et la constipation comptent parmi les maux les plus fréquents présentés par les chiens et les chats amenés en consultation* ». À chacun de ces tableaux cliniques décrits comme courants et presque normaux correspond bien entendu un aliment de régime précis. Ou comment la maladie devient pour ainsi dire un état normal qui perdure...

Les chats sont des carnivores stricts (il leur faut, pour mémoire, 93 % protéines) et n'ont besoin, par conséquent, que de petites quantités de fibres. Dans la nature, le chat les absorbe en mangeant les poils ou la peau de sa proie. Les chats vivant naturellement de cette façon ne connaissent pas les maux de reins et de vessie, les allergies et les diarrhées dont souffrent nos félins de salon nourris, pour ne pas dire maltraités, avec des aliments tout prêts. De nos jours, nos chats vivent en grande partie en appartement sans sortir et ne mangent quasiment que des aliments industriels. Or, aucun aliment tout prêt, aussi « riche » soit-il, ne peut remplacer la viande fraîche. Nous ne pouvons certes pas servir des souris à un pur chat d'appartement ; toutefois, grâce à une nourriture crue, nous pouvons non seulement lui fournir suffisamment de protéines de qualité, de nutriments et de vitamines naturelles, mais aussi satisfaire ses instincts, de jeux notamment. S'il reçoit une aile de poulet entière, par exemple, le chat domestique peut lui aussi exercer son instinct de jeu et de prédation. Quand on observe avec quel plaisir un félin de salon déguste ce morceau de choix, un chat condamné aux boîtes et aux croquettes ne peut que nous faire de la peine.

J'entends d'ici les premières craintes : cette viande fraîche suffira-t-elle à mon chat ? Ne manquera-t-il pas de taurine, de ceci ou de cela ? Ne présentera-t-il pas des symptômes de carence ? Assurément, non ! Mais il faut plus d'une phrase pour répondre à ces questions.

Si vous lui donnez différentes variétés de viande, à savoir du muscle, des abats, y compris cœurs et foies, des os et du cartilage et que vous saupoudrez de temps en temps la viande, pour faire des fibres, d'un peu de son de blé ou d'herbes aromatiques, sans oublier quelques gouttes d'une huile de qualité, alors votre chat a tout ce dont il a besoin. L'opération se complique en présence d'un chat habitué à une nourriture de fabrication industrielle pour lequel, faute de savoir ce que c'est, la viande fraîche n'est pas comestible. Un chat de ce genre est tellement fixé dans ses choix par les arômes artificiels qu'il ne touche plus à aucune nourriture qui n'en contient pas.

Il faut alors essayer de proposer à cet animal connu pour son entêtement quelque chose qu'il puisse quand même manger cru. On peut commencer par de la viande cuite à l'étuvée avec un peu d'huile à laquelle on mêle l'aliment tout prêt que le chat connaît, avant d'y glisser petit à petit de la viande crue, très progressivement jusqu'à parvenir au tout cru.

L'entreprise peut se révéler assez difficile car les chats sont, comme vous le savez sûrement d'expérience, extraordinairement têtus. Ils sont capables de refuser des jours durant et sans fléchir une nourriture qu'ils ne connaissent pas et d'essayer de forcer leurs maîtres, par leurs miaulements ininterrompus à fendre le cœur, à se montrer conciliants et à leur donner ce qu'ils désirent. Et le plus souvent, c'est le chat qui gagne.

C'est la raison pour laquelle le mieux consiste à donner de la viande fraîche (cœurs et gésiers de poulet, viande de bœuf coupée en petits morceaux) aux chatons dès la phase d'allaitement, quand ils commencent à manger tout seuls. Quand les animaux sont habitués tôt, on ne rencontre plus de problèmes plus tard.

Les chats aiment aussi beaucoup les œufs crus ; cottage cheese, képhir et fromage blanc (produits laitiers sans lactose) peuvent compléter le menu.

Chez le chat, la taurine (un acide aminé essentiel) doit être apportée par la nourriture. Votre chat subvient à ses besoins en mangeant du cœur (de volaille, de porc et de bœuf) et des fruits de mer. Le recours aux comprimés de taurine ne devrait avoir lieu qu'en cas de refus catégorique des aliments ci-dessus de la part de votre chat. Mais comme la plupart des chats aiment beaucoup le cœur, vous pourrez renoncer sans regret aux comprimés de taurine.

Dans la nature, les chats mangent les os de leurs proies, ce qui est important pour l'équilibre phosphocalcique. Ils peuvent tout à fait être remplacés par des pattes, des ailes et des cous de volaille. Si votre chat boude les os, de la poudre de coquille d'œuf peut faire l'affaire. Le poisson, de préférence de mer pour sa teneur élevée en acides gras oméga-3, est aussi un aliment de valeur pour les chats.

De nombreux livres traitant de la nourriture crue biologiquement appropriée sont parus ces derniers temps qui vous permettront de vous informer abondamment. Leur présentation n'est pas toujours simple. Il faut compter, peser, ce qui complique exagérément les choses. En effet, votre chat n'a pas besoin au quotidien d'une quantité définie de vitamines et minéraux. En tenant compte des quelques éléments d'information simples présentés plus haut, vous ne pouvez pas vous tromper. Le chat (comme le chien) est parfaitement capable de stocker un certain temps vitamines et minéraux qui seront libérés au besoin. Il n'est donc pas indispensable que les apports en substances essentielles aient lieu chaque jour dans des quantités fixées avec exactitude ; dans la nature, ces apports ne se font pas au gramme près non plus.

Cela vaut aussi pour le **chien**.

Il n'a pas besoin non plus au quotidien de quantités de nutriments, vitamines, etc. déterminées au poil près. Il a plutôt besoin (comme le chat et l'homme aussi, soit dit en passant) d'aliments variés, qui non seulement répondent aux besoins de son organisme, mais flattent son goût. Vous non plus, vous ne mangez pas tous les jours les mêmes spaghettis sauce tomate, le même filet de bœuf ou le même gâteau à la crème.

Une règle générale s'applique au chien adulte : la quantité de nourriture servie quotidiennement devrait représenter environ deux à trois pour cent de son poids. Exemple : si votre chien pèse vingt kilos et qu'il n'est ni trop gros ni trop maigre, sa ration quotidienne devrait peser cinq cent grammes en moyenne. Elle sera constituée de 70 % de viande crue ou d'os charnu et de 30 % de légumes, fruits et herbes. Si le chien est âgé ou en surpoids, la proportion de viande devrait être réduite au profit des os charnus.

Comme le chat, le chien n'est pas non plus un mangeur de céréales. Elles ne conviennent pas aux chiens déjà trop gros, peu actifs ou en pleine croissance. Les céréales sont composées de glucides qui fournissent de l'énergie rapidement. Mais si cette énergie n'est pas immédiatement utilisée par l'organisme, elle est stockée dans le corps pour les périodes de disette sous forme de cellules graisseuses. On peut toutefois donner sans crainte des céréales de temps en temps à un chien en bonne santé, svelte et actif.

Le mieux pour un chien est de varier les menus. Choisissez de la viande et des os charnus de tout type d'animal de boucherie que vous puissiez trouver, que ce soit au supermarché, en magasin discount, chez le boucher ou, si vous avez cette chance, chez un paysan proche de chez vous. L'un des repas quotidiens ne sera composé que de viande, de poisson et d'os charnu, le second de légumes à la vapeur ou en purée (l'estomac du chien ne peut pas décomposer les légumes crus), d'herbes et/ou de fruits (mûrs et archimûrs). Ces légumes et ces fruits doivent toujours être additionnés d'huile de qualité (huile de poisson, de colza, de lin, de carthame, etc.) ou de fromage blanc pour que les vitamines liposolubles soient mieux absorbées. Vous pourrez trouver la liste des fruits, des légumes et des herbes qui conviennent le mieux sur les nombreux forums Internet dédiés au BARF et dans quantité de livres. Vous y trouverez également la liste de toutes les variétés de fruits et de légumes qui ne conviennent pas au chien ou seulement sous condition, comme l'oignon, l'ail, le poivron vert, etc.

Comme quand vous cuisinez pour vous, aucune limite n'est posée à votre imagination quand vous préparez à manger pour votre chien. Beaucoup de propriétaires dont les chiens sont passés au régime alimentaire BARF me l'ont confirmé avec enthousiasme : c'est un vrai plaisir de nourrir un chien de cette façon. Le chien est vraiment un chien : il est occupé pendant des heures avec son os ou peut se délecter de sa panse crue qu'il mâchonne aussi longtemps qu'il veut. Les problèmes de comportement sont automatiquement moindres. Rien à voir avec les chiens oisifs qui avalent leur boîte ou leurs croquettes en trente secondes avant de se chercher des « victimes » à taquiner pour dépenser leur surplus d'énergie (voir Chapitre 5).

Certains d'entre vous, chers lectrices et lecteurs, me diront à juste titre : « Et puis quoi encore ? Je travaille, j'ai des enfants, j'ai déjà des milliers de choses à faire, je ne vais quand même pas en plus préparer des petits plats spéciaux pour mon chien ou mon chat ! Malgré tout l'amour que j'ai pour lui, il n'en est pas question. »

Je le comprends très bien, croyez-moi. Je suis moi-même maman et comme ce livre vous l'a appris, je suis attelée (de bonne grâce) à mon cabinet, je délivre des conseils alimentaires et, comme herbes et huiles de qualité ne sont pas toujours faciles à trouver en dehors des grandes villes, je produis aussi moi-même les compléments correspondants. Je n'ai donc pas une minute à moi et pourtant ma chienne Pauline et mes cinq chats sont en grande partie nourris selon les critères énoncés précédemment. Et quand je n'y arrive pas, cela m'arrive à moi aussi, j'ai recours à la solution de second choix qui suit.

Pour beaucoup de propriétaires de chats et de chiens, il est impossible, pour des raisons professionnelles, d'aller faire les courses tous les jours et de se procurer de la viande fraîche. Congeler et décongeler demande aussi un peu de travail et certains végétariens refusent catégoriquement de toucher à la viande crue. Dans ce cas, un compromis doit et peut naturellement être trouvé. Votre chien ou votre chat devrait manger de la viande fraîche au moins deux ou trois fois par semaine. Les autres jours, vous pouvez lui donner une nourriture toute prête présentant une proportion élevée de viande et dépourvue d'additifs.

Mon intention n'est pas de condamner en bloc tous les aliments prêts à l'emploi car, en cas d'impossibilité absolue de donner de la viande crue, il existe quelques marques isolées auxquelles il est possible d'avoir recours sans mauvaise conscience. Ces produits, vous ne les trouverez ni chez le vétérinaire, ni au supermarché, ni en animalerie, pas plus que dans l'une des chaînes de supermarchés pour animaux en expansion ces dernières années. Mais il existe quelques entreprises innovantes, le plus souvent de petite taille, qui sélectionnent avec soin leurs matières premières et livrent leurs clients directement, sans intermédiaire.

Ces petites entreprises sont obligées de se distinguer par la qualité de leurs produits, sinon elles ne survivraient pas dans un contexte aussi concurrentiel. Réfléchissons un peu : toutes les grandes marques produisent forcément des marchandises de masse et investissent tellement dans la publicité et le marketing qu'il ne reste plus grand-chose pour l'achat de matières premières de qualité. En pratique et par exemple, les éleveurs reçoivent des croquettes gratuites par sacs de cinquante kilos, ce qui leur permet de conditionner les acquéreurs des chiots à l'utilisation d'un aliment précis. Qui fait beaucoup de cadeaux recrute le plus d'acheteurs, évidemment. Les vétérinaires profitent de leur côté de marges bénéficiaires qui augmentent en fonction des ventes, flirtant ainsi avec l'immoralité. S'il est fait autant de cadeaux et qu'il est possible de consacrer autant d'argent à la publicité, c'est logiquement sur le produit lui-même que sont faites les économies. Les petites entreprises innovantes, elles, n'ont rien à offrir. Elles investissent dans la qualité de leurs produits. Elles n'ont pas accès non plus aux matières premières de catégorie 3 (voir plus loin). Elles doivent donc se tourner vers des fournisseurs pouvant livrer des quantités relativement faibles. Or, il se trouve que faible quantité va de pair avec qualité.

On trouve désormais sur le marché des boîtes pour chiens et chats dont les ingrédients sont de très bonne qualité. C'est vraiment de la viande qui est travaillée, puis chauffée en douceur dans les boîtes. Évidemment, le résultat est une conserve qui ne devrait pas être la nourriture exclusive d'un chien ou d'un chat. Je me garderai de faire de la publicité – sinon je ne vaudrais pas mieux que les vétérinaires bonimenteurs de l'industrie, même si le niveau n'est pas comparable –, mais je peux vous faire un début de révélation : vous ne trouverez des boîtes de qualité supérieure pratiquement que sur Internet ou directement chez le fabricant.

Retenez qu'**aucun grand groupe** ne propose des produits de qualité. Ces grands groupes ne travaillent qu'avec des matières premières dites de catégorie 3. Elles sont bon marché et disponibles de manière quasiment illimitée. Les entreprises ne nient d'ailleurs pas l'utilisation de ces matières premières. La loi les y autorise. On espère simplement que le client sera assez bête pour ne rien piger.

Que sont les matières premières de catégorie 3, conformément au règlement (CE) n° 1774/2002 ? Les lignes qui suivent ne sont pas pour les âmes sensibles, autant vous prévenir.

Il s'agit d'une part de pièces de boucherie qui, bien que propres à la consommation, ne sont pas destinées, pour des raisons commerciales, à la consommation humaine. En font partie les os, la couenne, la graisse et autres pièces de même nature. Entrent d'autre part dans cette catégorie les pièces de boucherie écartées parce qu'impropres à la consommation, bien que ne présentant pas encore de signes de maladie transmissible. Enfin se retrouvent dans cette même catégorie les peaux, les sabots, les cornes, les griffes, les poils, les fourrures, les soies de porc, les plumes et les coquilles d'œuf. Pour que l'information soit complète : les produits entrant dans la catégorie 1 sont les cadavres d'animaux de laboratoire et les animaux soupçonnés de souffrir de maladies contagieuses. Quant aux produits de la catégorie 2, ce sont par exemple le lisier, le contenu de l'estomac et des intestins, et les déchets d'abattoir contenant des résidus de médicaments.

C'est à partir de denrées de catégorie 3 que les grands groupes produisent la nourriture destinée à nos animaux domestiques. La loi stipule que « les matières seront collectées ou incinérées sans retard » ou utilisées « comme matière première dans une usine de production d'aliments pour animaux familiers agréée ». Si ces informations concernant la classification et ses conséquences sur le contenu des aliments dits Premium ne vous font pas tomber la boîte ou le sac de croquettes des mains, alors autant refermer tout de suite ce livre, plus rien ne peut vous choquer.

La collecte et la valorisation de ces matières est même rétribuée, le tout revient donc très peu cher aux fabricants d'aliments pour animaux. Il n'y a rien de mal en soi à ce que des déchets d'abattoir soient utilisés dans des aliments pour animaux. Mais quand c'est la grande industrie qui s'en charge, ces déchets commencent déjà à s'avarier au cours du transport, très long la plupart du temps, dans des containers non refroidis. Ces « matières premières » doivent évidemment être chauffées à très haute température, broyées et stérilisées dans les usines transformatrices, afin de trouver au moins une utilisation en tant que « farine animale » dans les aliments pour animaux. Ces farines animales sont ensuite achetées par les grandes entreprises qui les transforment en « extrudats » ou en aliments en boîte. Toutes les croquettes disponibles dans le commerce – à l'exception des croquettes pressées à froid (voir plus loin) – sont des « extrudats ».

Le processus de fabrication des extrudats rappelle vaguement, par son déroulement et sa technique, celui du hachoir à viande. Le mélange utilisé se compose de la « farine animale » présentée précédemment et de céréales. On tire profit de leur amidon pour transformer le mélange en masse collante. Cette masse et différents additifs sont pressés sous apport d'humidité à travers la matrice (disque d'acier troué) d'une machine appelée extrudeuse, sous pression (jusqu'à 60 bars) et à température (jusqu'à 180 degrés) élevées. Ce sont les produits issus de ce traitement de haute intensité sur une courte durée que l'on appelle extrudats. Au cours de leur fabrication et en raison du traitement thermique et de la pression élevée, quasiment tous les nutriments, toutes les protéines, tous les enzymes et toutes les vitamines encore présents dans la « matière première » sont détruits. Pour compenser ces pertes, des additifs synthétiques sont ajoutés après coup. Enfin, pour leur donner plus de goût, on pulvérise sur les croquettes ainsi obtenues des graisses et huiles animales, de sorte que l'odorat du chien ou du chat soit flatté par ce piètre pot-pourri. Précisons en passant que les extrudats gonflent énormément dans l'estomac et sont la principale cause de la redoutée torsion d'estomac souvent mortelle chez le chien.

Pour toutes ces raisons, les croquettes extrudées doivent être strictement rejetées, y compris pour un usage occasionnel. Le seul compromis acceptable est la croquette pressée à froid. Les bonnes croquettes pressées à froid sont certes chauffées (jusqu'à environ 80 °C) elles aussi, mais bien moins que les croquettes extrudées. Les protéines, les enzymes et les vitamines d'origine sont de ce fait largement préservées et ne nécessitent pas d'être complétées après coup. En raison de ce processus de fabrication particulièrement délicat, ces croquettes pressées à froid ne se conservent qu'environ six mois dans un endroit frais. Elles ne contiennent pas les conservateurs chimiques qui n'ont rien à faire dans une nourriture saine et des huiles naturelles telles que l'huile de carthame, sont utilisées comme antioxydants.

De bonnes croquettes pressées à froid se reconnaissent à l'absence d'additifs parmi les ingrédients déclarés. Certains fabricants de croquettes à froid se sont adaptés aux exigences de la grande industrie et répondent, grâce à l'ajout d'additifs synthétiques, aux critères légaux de l'aliment complet pour chien. Par essence, les croquettes pressées à froid fluctuent cependant dans leur composition naturelle et ne répondent donc pas aux exigences légales de l'aliment complet qui doit comporter des quantités très précises de minéraux et de vitamines. L'Europe aime les normes, pensez plutôt aux pommes, aux bananes et aux concombres que vous achetez pour vous au supermarché. C'est dommage car de ce fait ces croquettes dont la qualité est vraiment bonne tirent moins bien leur épingle du jeu que les croquettes extrudées lors des tests de consommateurs dont les critères ne sont pas forcément pertinents. L'information communiquée au consommateur est donc complètement fausse. Ce sont en effet les croquettes qui contiennent le plus d'additifs en quantités toujours égales qui occupent les premières places de ces tests. Le gagnant est donc celui qui produit un cocktail chimique stable. Matières premières de qualité ou déchets, peu importe pour ces tests. Notons en passant que les chats n'ont pas encore leurs croquettes pressées à froid.

La viande cuite ne convient pas davantage que la nourriture en conserve, car la cuisson détruit les protéines, les nutriments et les vitamines. Le résultat est une fois de plus une conserve, certes exempte de produits chimiques, mais une conserve reste définitivement une conserve. J'ai suffisamment expliqué dans les chapitres précédents de quelles manières une nourriture exclusivement industrielle provoque chez nos animaux domestiques de multiples maladies largement inconnues avant l'ère des aliments tout prêts. J'entends maintenant montrer dans les paragraphes qui suivent avec quels arguments cousus de fil blanc et tirés par les cheveux les vétérinaires, l'industrie des aliments pour animaux et d'autres institutions en relation privilégiée avec les fabricants (éleveurs, associations ou refuges, par exemple) se positionnent contre une alimentation à base de viande crue.

Argument n° 1 : « La viande crue peut donner des vers aux chiens et aux chats. » C'est FAUX !

Ce sont principalement les souris qui donnent des vers aux chats ; quant aux chiens, ils en attrapent le plus souvent au contact de leurs congénères. La viande habituellement vendue, que ce soit au supermarché ou chez le paysan bio, est soumise à une inspection méticuleuse et constitue de ce fait un aliment sévèrement contrôlé. Une infestation par des larves de ver solitaire ou autres ne peut y échapper. Par ailleurs, l'intestin d'un animal nourri avec de la viande crue est bien plus résistant en cas d'infestation par des vers, car sa flore intestinale est beaucoup plus agressive et autorise moins la fixation et la multiplication de vers. Ce n'est pas le cas chez les animaux recevant exclusivement une nourriture toute prête.

Argument n° 2 : « La viande crue contient des bactéries, notamment des salmonelles (volaille) qui peuvent rendre chats et chiens malades. » C'est FAUX !

Étant donné que leur intestin est très court et que de ce fait la nourriture transite rapidement, les chats et les chiens sont insensibles aux salmonelles et autres bactéries. Une fois de plus, un animal domestique nourri avec de la viande crue possède une flore intestinale naturelle agressive qui ne laisse aucune chance aux bactéries. D'autre part, les proies attrapées dans la nature ne sont pas exemptes de bactéries, bien au contraire. Comparée aux souris et autres proies, notre viande de supermarché est pour ainsi dire stérile. Le faible risque théorique d'infection par des salmonelles existe naturellement, cependant « ce n'est qu'en cas d'événement affaiblissant les résistances (infestation par des parasites, infections virales, interventions chirurgicales, par exemple) que les souches virulentes peuvent se multiplier, leurs propriétés pathogènes se manifestant après une période d'incubation de deux à sept jours » (citation extraite de *Krankheiten der Katze/Les maladies du chat* de Vera Schmidt et M. Ch. Horzinek).

Le risque est donc négligeable. En trente ans d'exercice, je n'ai encore jamais rencontré de chat chez lequel j'ai ne serait-ce que soupçonné une infection par des salmonelles. Je nourris moi-même mes chats depuis des années avec de la viande de volaille, de bœuf et de porc crue ; aucun d'entre eux n'a jamais développé d'affection en lien avec une salmonelle.

Celui ou celle qui hésite encore peut naturellement passer la viande au congélateur au préalable. Les salmonelles seront éliminées de manière fiable. De même, le risque d'infection par le dangereux virus d'Aujeszkytouchant la viande de porc est extrêmement faible puisqu'il n'est plus présent chez nous depuis trente ans. Je ne connais pas non plus de cas de chat ayant attrapé la maladie d'Aujeszky après avoir mangé du porc. Celui ou celle qui se méfie de la viande de supermarché de provenance potentiellement non européenne se tournera simplement vers la viande proposée par les paysans bio.

Afin de déconcerter les propriétaires d'animaux et de les attirer vers les aliments tout prêts, le moindre danger éventuel est monté en épingle. La possibilité pour nos animaux de tomber gravement malades est bien davantage liée à la nourriture industrielle qu'aux vers ou aux bactéries virtuels censés coloniser la viande. L'opération consiste simplement à créer la panique, afin de faire apparaître la nourriture toute prête plus attrayante et plus saine que la nourriture crue naturelle. Si j'ai soigné quantité d'animaux qui sont tombés malades à cause de la nourriture industrielle, je n'ai, à l'inverse, jamais rencontré d'animal ayant eu à subir un préjudice en lien avec sa consommation de viande crue.

Argument n° 3 : « Il y a tout ce qu'il faut dans les aliments tout prêts. » C'est FAUX !

Dans les aliments tout prêts, il y a surtout tout ce qu'il ne faut pas à un chien ou à un chat ! Pour masquer le goût des médiocres matières premières utilisées (déchets de catégorie 3 issus de la transformation de la viande), les aliments sont additionnés d'arômes le plus souvent artificiels. En effet, nos chiens et nos chats n'étant pas bêtes, ils ne toucheraient même pas et mangeraient encore moins ces déchets sans correction gustative. Il faut donc tromper leurs papilles.

Parmi ces arômes, on compte en premier lieu le sucre, caché sous le qualificatif de caramel. Le sucre ne convient pourtant en aucune façon aux chiens et aux chats et, en cas d'apport permanent, il peut déclencher un diabète, donner lieu à des problèmes articulaires et attaquer l'émail des dents. En dehors du fait qu'il existe aujourd'hui un aliment spécial pour chaque taille, chaque âge, chaque race, chaque sexe, pour les animaux castrés/stérilisés ou non, ce qui en soi renseigne déjà sur l'insuffisance de chacun d'eux, il faut aussi compter, parmi les divers ingrédients, avec les additifs sous forme de vitamines, minéraux et acides aminés synthétiques. Ils sont nécessaires dans la mesure où la transformation industrielle détruit ou dénature tous les ingrédients. Seulement, les vitamines de synthèse ajoutées ne sont pas produites à partir de céréales, de fruits ou de légumes, mais fabriquées artificiellement. C'est plus simple et meilleur marché. Ces vitamines synthétiques ne correspondent en aucune manière à leur pendant naturel. Il leur manque les matières consubstantielles avec lesquelles elles font corps dans les produits naturels que sont les fruits et les légumes, par exemple. D'autre part, la fabrication synthétique n'autorise qu'un choix limité de vitamines, quand la palette des caroténoïdes (précurseurs de la vitamine A), par exemple, compte plus de deux cent soixante-dix variantes estimées. La production artificielle, elle, ne peut fabriquer qu'un type unique, le bêtacarotène. La conséquence est une restriction à long terme de la multiplicité naturelle des vitamines dont les répercussions se font sentir au niveau du métabolisme animal.

Le fait est que les vitamines synthétiques, en l'absence de matières consubstantielles, sont l'objet d'une résorption forcée par l'intestin. Elles échappent à son contrôle, arrivent sans entrave dans le sang et par là même dans les organes internes. Le métabolisme, notamment du foie et des reins, est un jour ou l'autre dépassé et le manifeste par des réactions immunologiques et, le cas échéant, par des dégénérescences tumorales.

Un excès d'un côté conduit à des symptômes de carence de l'autre. L'équilibre vitaminique est un système très complexe que l'on mettra encore du temps à expliquer. La recherche portant sur les jeux d'interaction et de réciprocité à l'œuvre entre les différentes vitamines, les différents minéraux et les différents oligo-éléments n'en est encore qu'à ces débuts. Que les nutritionnistes nous expliquent comment ils sont capables d'élaborer une nourriture équilibrée, alors que tant de points restent à éclaircir. En réalité, tout aliment prêtà consommer ou presque est un magma chimique artificiellement conçu en laboratoire. Il est clair que je ne mets pas dans le même panier que les « grands », les rares fabricants qui font figure d'exception en n'utilisant pas de vitamines de synthèse, en renonçant résolument aux arômes, en appliquant des procédés de fabrication respectueux des structures naturelles des matières premières, etc.

Le concept de vitamine synthétique ne signifie pas grand-chose pour la plupart des vétérinaires. Cela fait bien longtemps que ces vitamines (entre 150 000 et 200 000 tonnes par an) ne sont plus produites à partir de matières premières naturelles. Il est tellement moins coûteux pour l'industrie de fabriquer des vitamines à partir de bactéries ou de plantes manipulées génétiquement. C'est ainsi qu'une plante qui ne payait pas de mine, l'arabette des dames, a acquis une renommée inattendue. Il s'est avéré qu'une manipulation génétique de cette plante permet de produire de la vitamine E en grande quantité très rapidement. Qu'une seule variante de vitamine E soit produite en laboratoire ne gêne, semble-t-il, personne. Quant à la production artificielle classique de vitamine B à partir de « matières biologiques » (cadavres), elle n'est pas franchement appétissante, même si les cadavres ont été récemment remplacés par des bactéries manipulées génétiquement.

Dans l'ensemble des aliments courants disponibles chez le vétérinaire, seules des vitamines synthétiques sont utilisées. Demandez un jour à votre vétérinaire s'il connaît la différence entre vitamines naturelles et synthétiques et ce qu'il en est de la fabrication de ces vitamines synthétiques et de leur manque de diversité. Il ne saura probablement pas quoi vous répondre.

Les fabricants de croquettes sont très créatifs et s'adaptent aux exigences du marché. Des slogans tels que « sans conservateurs artificiels » ou « avec antioxydants naturels » fleurissent ces derniers temps. Dans le premier cas, on se garde de préciser que les matières grasses utilisées, qui sont généralement achetées à l'extérieur, font bien l'objet d'une conservation chimique, l'obligation déclarative disparaissant du fait de cet achat extérieur. Dans le second cas, celui des « antioxydants naturels », c'est par exemple la vitamine E qui est mise en avant. Or, la vitamine E est produite artificiellement (voir plus haut), elle est donc tout sauf naturelle. C'est ainsi que le consommateur est systématiquement pris pour dupe.

On a aussi pris l'habitude de mettre le concept de « bio » à toutes les sauces. Une boîte sur laquelle est inscrit « Agneau bio » peut très bien ne contenir que trois à quatre pour cent de déchets d'agneau et non de viande. Il est rare que le propriétaire de l'animal réalise à quel point on le trompe et avec quel toupet on lui ment.

Ces derniers temps, beaucoup d'aliments contiennent des ingrédients exotiques sous forme d'extraits de plantes : yucca, aloès ou alfalfa. Si ces ingrédients se justifient pour traiter certaines maladies, leur effet à long terme est potentiellement toxique, surtout chez le chat, et il est difficile d'estimer ce que peut donner une consommation quotidienne. La raison pour laquelle les fabricants utilisent ces ingrédients est pour moi une énigme. Peut-être pour se démarquer de la concurrence ? Ou simplement pour pouvoir présenter quelque chose de nouveau et de spécial ? Je l'ai déjà dit, il est si facile de manipuler les propriétaires d'animaux…

Argument n° 4 : « Trop de protéines surcharge les reins (surtout ceux du chat) et déclenche des allergies (surtout chez le chien). » C'est FAUX !

Commençons par la surcharge des reins soi-disant provoquée par un excès de protéines chez le chat (voir Chapitre 1). Il s'agit là d'une affirmation de l'industrie pour justifier la présence de compléments médiocres. Le chat a justement besoin de beaucoup de protéines de qualité et n'est pas capable de métaboliser la proportion élevée de céréales contenues surtout dans les croquettes. Ce n'est pas l'excès de protéines qui rend malade, mais leur manque.

Dans le cadre des consultations dédiées aux allergies chez le chien, un excès de protéines est souvent évoqué en tant qu'agent déclencheur, ce qui a pour conséquence de prescrire une nourriture avec une teneur en protéines réduite qui peut aller jusqu'au végétarisme. Cela ne peut pas fonctionner et ne fonctionne d'ailleurs pas. Il faut savoir que des protéines de mauvaise qualité peuvent très bien déclencher des allergies. Avec une nourriture à base de protéines de qualité supérieure, il n'y en a pas (sauf si d'autres facteurs font office d'agents déclencheurs). Une nourriture purement végétarienne est dangereuse pour un chien, même si certains vétérinaires la recommandent. Il existe même un aliment de régime végétarien disponible exclusivement chez le vétérinaire. Cette nourriture très incomplète provoque des carences en protéines et en phosphore. Les chiens nourris de cette façon sur une période prolongée souffrent d'une fonte musculaire massive et d'eczéma. La flore intestinale du chien n'est pas faite pour digérer une nourriture végétarienne et composer à partir d'elle les protéines musculaires de qualité qui lui sont indispensables. Seuls peuvent le faire les herbivores dont l'intestin est bien plus long que celui des carnivores et qui possèdent en outre des poches de fermentation capables de digérer correctement les fibres végétales. Le carnivore a, lui, un intestin court et une flore intestinale conçue pour la digestion des protéines animales. Impossible de transformer un chien en vache ou une vache en carnivore. Souvenons-nous du scandale de la vache folle : des herbivores avaient été nourris avec des farines animales. On connaît la suite. Voilà pourquoi, un chien doit rester un chien et une vache doit rester une vache.

Argument n° 5 : « Le chat et le chien ont besoin de glucides comme source d'énergie. » C'est FAUX !

Le fait est que les céréales sont bien moins chères que les protéines d'origine animale. Il s'agit donc de nous faire croire que nos animaux domestiques ont absolument besoin de glucides comme le riz, les pâtes, le maïs, etc. Les glucides ne profitent qu'à l'industrie, pas aux animaux. Le chat peut retirer l'ensemble de ses besoins énergétiques des protéines animales ; quant au chien, il n'a pas besoin de glucides non plus. Les chiens nourris exclusivement avec des croquettes développent une flore intestinale qui, au fil du temps, est obligée de s'adapter au moins aux glucides faciles à digérer. Cette nouvelle flore favorise à son tour l'apparition de levures et de bactéries qui n'ont rien à faire dans l'intestin d'un chien « normal ». Des troubles digestifs sous forme de diarrhées surviennent alors, de même qu'une plus grande sensibilité à certaines maladies. Un jour ou l'autre, l'intestin, qui forme une barrière entre les substances nuisibles et l'organisme, ne peut plus remplir sa mission. Le système flanche et les pathologies s'installent. Les bactéries et les levures envahissantes liées aux glucides ingérés dégagent des toxines qui créent une dépendance et peuvent déclencher des fringales dirigées vers ces mêmes glucides. Il convient donc, afin de préserver la flore bactérienne intestinale et ce faisant la santé de votre chien, de renoncer largement aux glucides.

Argument n° 6 : « Avec le temps, les chats et les chiens se sont adaptés à la nourriture toute prête. » C'est FAUX !

Ce n'est que depuis la fin des années soixante et le début des années soixante-dix que les aliments prêts à l'emploi sont produits à grande échelle. Pensons au temps qu'il a fallu à l'évolution, c'est-à-dire des milliers d'années, pour obtenir des changements profonds tels que celui qui a consisté à adapter le système digestif et le métabolisme du chat à de petites proies. Comment une modification organique touchant l'intestin pourrait-elle s'être produite en quelque cinquante ans, période durant laquelle l'alimentation toute prête s'est multipliée sur le marché ? Certes, des mesures d'élevage peuvent engendrer des changements. Mais ils ne concernent que l'apparence du chien et du chat : sa taille, la couleur de son pelage ou sa constitution. L'intestin et par là même la digestion du chien et du chat sont rigoureusement identiques à ceux du loup et du chat sauvage ; ils ne se sont adaptés en aucune façon à quoi que ce soit de nouveau. Le genre d'argumentation obscure auquel on a recours pour influencer le consommateur est à peine croyable.

Argument n° 7 : « Les croquettes préviennent le tartre et nettoient les dents. » C'est FAUX !

Le chien est un glouton qui avale tout rond sa nourriture en quelques secondes. Il ne mâche bien que les plus gros morceaux de viande, les os évidemment ou la viande séchée. La même chose vaut pour le chat qui lui aussi avale son pâté et ses croquettes sans beaucoup mâcher. La cause du tartre chez nos animaux domestiques se trouve justement dans leur alimentation erronée. Son apparition est favorisée par le fait qu'ils mâchent trop peu et engloutissent une nourriture trop molle à la composition incorrecte (trop de sucres et de glucides). Mais, pour le tartre aussi, la solution est déjà sur le marché : il existe désormais des croquettes spéciales pour nettoyer les dents, ainsi que du dentifrice pour chien et chat avec abrasif, enzymes ou substances à action antimicrobienne qui, en plus du nettoyage mécanique, sont censées produire un nettoyage chimique. Qui a déjà essayé de laver les dents de son chat peut s'estimer heureux s'il est ressorti à peu près indemne de l'opération !

Environ soixante pour cent des chats domestiques et quatre-vingts pour cent des chiens souffrent aujourd'hui dès l'âge de trois ans de pathologies dentaires. C'est une réalité acceptée. Il y a bien sûr des chiens et des chats qui, pour des raisons héréditaires, sont plus sensibles que d'autres à ces pathologies. Mais l'augmentation de ces tableaux cliniques est la conséquence d'une mauvaise alimentation. Plutôt que de donner à son chien ou à son chat des morceaux de viande plus gros ou des os, le propriétaire est incité à laver les dents de son animal tous les jours et/ou à lui donner des croquettes qui nettoient les dents.

Le principe de ces croquettes « nettoyantes » repose sur leur texture, leur forme et leur taille particulière. Le chat ou le chien est censé les casser avec ses dents avant de les avaler. Mais cela ne marche pas car les croquettes en question sont tellement fragiles qu'elles cassent dès que l'animal les saisit entre ses dents. Des additifs spéciaux, censés renforcer l'effet nettoyant, sont mêlés à ces croquettes. Des microcristaux de polyphosphate déposés dessus sont aussi censés éliminer la plaque dentaire. Le mode opératoire n'est pas très clair, le chien et le chat engloutissant presque toujours d'un bloc leurs croquettes, en donnant un coup de dents dans le meilleur des cas. Des substances antibactériennes ou anti-inflammatoires viennent encore s'ajouter aux ingrédients : bonjour le cocktail chimique !

Un confrère vante dans un magazine canin l'efficacité d'un « bâtonnet à grignoter », le Dentastix pour chien. Je le cite :

Les bâtonnets Dentastix constituent une méthode simple et efficace pour garder les dents de votre chien propres et saines. Ces friandises pour l'hygiène dentaire ne sont pas seulement bonnes, elles prolongent aussi le plaisir de mâcher et leur efficacité est cliniquement prouvée. Utilisé quotidiennement, Dentastix peut diminuer de 80 % la formation de plaque et de tartre.

Évidemment, on ne mentionne pas qui est l'auteur de ces études. Les études « cliniques » en question se révèlent toujours positives pour le produit puisque réalisées par les fabricants eux-mêmes. Quant aux vétérinaires, ils sont engagés comme « baratineurs de location » en échange de rémunérations princières, cela va de soi. En dehors du fait que les bâtonnets recommandés ne contiennent que quatre pour cent de viande et que le reste est composé de déchets issus de la transformation des céréales et de graisses de mauvaise qualité, ils contiennent par-dessus le marché du sucre, particulièrement bon pour les dents comme chacun sait.

Le vétérinaire « loué » pour l'occasion poursuit ses recommandations : « *Ne donnez pas d'os à votre chien, ils pourraient provoquer des problèmes de santé comme une grave constipation.* » Je cite littéralement. Ce confrère croit-il vraiment ce qu'il dit ? J'ai peine à le croire. Mais si je passe en revue les nombreuses déclarations faites par des vétérinaires, ne serait-ce que celles concernant les os, plus rien ne m'étonne.

Argument n° 8 : « Ne donnez pas d'os. Les os font des éclats et peuvent constiper. » C'est FAUX !

Les os crus ne font pas d'éclats puisqu'ils sont élastiques ! Les os cuits, eux, sont rendus cassants par la cuisson et peuvent faire des éclats, d'où leur dangerosité pour le chien et le chat. Les os crus en revanche sont sans danger car ils possèdent encore des fibres élastiques qui les rendent relativement mous. En donner trop peut certes occasionner des selles un peu plus fermes. Il est possible d'y parer en laissant un peu de viande sur l'os (os charnu) ou en donnant, en même temps que chaque os, un morceau de viande crue ou des abats. En trente ans d'exercice, je n'ai jamais rencontré un seul cas de constipation due aux os crus. À l'inverse, il m'a été donné de soigner de nombreux animaux souffrant de constipation suite à la consommation d'os cuits, dont certains ont dû être opérés.

C'est la raison pour laquelle **il ne faut pas donner d'os cuits**. Les os crus, en revanche, ne font aucun mal. Dans la nature, les proies ne sont pas cuites, pas même à la vapeur. Les oiseaux que les chiens et surtout les chats aiment manger sans en laisser une miette ne sont pas cuits non plus. Si les os de volatiles font des éclats et sont si dangereux, il ne reste plus qu'à surveiller son chat toute la journée. Cette rumeur a la peau dure. Les vétérinaires ne sont pas en reste pour répandre ces bêtises, à l'image du confrère cité plus haut et de sa publicité. Os et cartilages sont très importants dans l'alimentation du chien et du chat. Grâce à eux, un mauvais bilan phosphocalcique est quasi impossible car les deux minéraux sont présents sous leur forme naturelle et en équilibre physiologique. À la différence des mélanges de minéraux du commerce produits artificiellement ou des aliments composés chimiquement en laboratoire, aucun surdosage n'est possible, tout surplus étant éliminé.

Votre chien devrait se voir proposer un os charnu environ trois fois par semaine. Pour votre chat, les os peuvent éventuellement être passés au hachoir. Tout souci concernant l'équilibre phosphocalcique de votre animal sera ainsi écarté. Les chiens nourris avec beaucoup de viande crue et des os n'ont quasiment aucune pathologie articulaire, comme les redoutées dysplasies de la hanche, du coude, etc.

Argument n° 9 : « Préparer soi-même les repas suppose une expertise, c'est trop compliqué pour un profane. » C'est FAUX !

Ce mythe émane de l'industrie. Avant l'« invention » des aliments tout prêts, nos animaux se nourrissaient de déchets de boucherie et de reliefs de repas. La plupart des maladies qui prolifèrent aujourd'hui étaient rares ou inexistantes. Elles sont toutes regroupées sous le terme de « maladies de civilisation » et vétérinaires comme propriétaires en prennent leur parti. J'ai même parfois l'impression que certains propriétaires sont fiers de retrouver chez leur chien la maladie dont ils souffrent eux-mêmes (le diabète, par exemple), selon la formule « peine partagée diminue de moitié ». Ces animaux nous sont confiés, ils ne peuvent pas se défendre et leur sort et leur santé est entre les mains de leur propriétaire, du vétérinaire et de l'industrie.

CHAPITRE 10

COMMENT ÉVITER LES INTERVENTIONS INUTILES ET LES ERREURS DE TRAITEMENT

Solutions pour le bien de vos animaux

Il n'est pas facile pour moi d'écrire ce dernier chapitre puisqu'il pointe du doigt certaines pratiques de ma profession. Le but de ce livre consiste pourtant à révéler les abus et à mettre à l'abri nos animaux des diagnostics et des interventions inutiles, et des traitements qui les rendent malades.

J'ai une consœur en Allemagne dont je souhaite citer le nom ici ; son courage et sa résolution lui valent toute mon estime. Il s'agit de Vera Biber qui a écrit des livres très instructifs sur l'alimentation appropriée des chiens. Elle avait réalisé bien avant moi ce qui passe d'ordinaire dans les cabinets vétérinaires et qu'une alimentation erronée produit des animaux malades en masse. Donnant la priorité à la prophylaxie et à l'information des propriétaires, elle a eu le courage d'abandonner son cabinet pour se consacrer à l'écriture de livres sur l'alimentation et donner des conférences sur la prévention des maladies. Chapeau bas !

L'information des propriétaires est aussi au cœur de ma mission. Peut-être parviendrai-je également à inciter quelques confrères à réfléchir, à remettre en question leur mode d'exercice et à changer un tant soit peu.

Mais prenons les choses dans l'ordre. Imaginez que vous arriviez dans un cabinet vétérinaire. Vous commencez par entrer dans la pièce d'accueil ou dans la salle d'attente. Si des présentoirs accueillant brochures et sacs de croquettes de marques connues vous sautent aux yeux, le mieux, si votre animal souffre d'une maladie chronique, est de prendre le large aussi vite que possible. Car, en matière de nutrition, question centrale dans les maladies chroniques, les cabinets de cet acabit affichent une incompétence saisissante en proposant de tels aliments à la vente et se disqualifient tout seuls.

De même, les posters qui invitent à la vaccination annuelle ou font la promotion de vermifuges et d'antiparasitaires sont l'indice d'exploitants davantage intéressés par la vente de leurs produits que par la santé des animaux qui leur sont amenés. Vous ne devriez avoir recours à des cabinets de ce genre qu'en cas d'urgence, si votre animal doit être pris en charge rapidement après un accident, par exemple. Ils ne conviennent pas pour le traitement des diverses maladies métaboliques, leur premier réflexe étant généralement, pour chaque affection, de refiler au propriétaire l'aliment de régime correspondant. Excepté les frais consentis en échange d'un aliment de mauvaise qualité qui n'a rien d'approprié à l'espèce, vous n'avez rien à attendre de votre visite dans un tel cabinet.

« Qu'en est-il du cabinet que je fréquente actuellement ? » allez-vous vous demander, avant de réaliser qu'il en va probablement de même chez votre vétérinaire comme chez tous ceux que vous connaissez. Dès l'accueil et la salle d'attente, les réclames pour croquettes s'imposent et vous êtes submergé(e) de publicités pour différents produits pharmaceutiques. Personnellement, j'évite les cabinets – de médecine humaine, j'entends – qui ont une allure similaire et dans lesquels la publicité pharmaceutique est omniprésente. Il n'est pas possible de faire confiance à un médecin qui prête son nom à des publicités étant donné qu'il n'est pas libre de ses prescriptions. Il n'en va pas autrement des vétérinaires. Les entreprises pharmaceutiques qui offrent les plus grosses réductions, qui financent les congrès et bien d'autres choses encore (chacun sait que c'est même pire en médecine humaine) se disputent bien évidemment les affaires les plus lucratives. Peu importe la qualité du médicament, tant que le prix et la réduction conviennent. Qu'il s'agisse de médecine humaine ou vétérinaire, ces mêmes entreprises ont aussi la fâcheuse habitude de mettre en avant les médicaments qui viennent de sortir et sont encore plus chers, alors même que, la plupart du temps, ils se distinguent à peine de ceux qui sont déjà sur le marché, à l'exception de quelques caractéristiques insignifiantes… et de leur prix.

Quant aux vétérinaires, ils préfèrent utiliser des médicaments coûteux qui rapportent davantage plutôt que des génériques le plus souvent de même valeur, mais bien moins chers. Les génériques sont des médicaments renfermant exactement la même substance active que l'original, mais dont les brevets sont arrivés à expiration, d'où la possibilité de les copier. Un médicament pour le cœur, souvent indispensable en traitement permanent chez le chien, constitue un bon exemple, son usage étant douloureux pour le porte-monnaie du propriétaire. Dans son emballage original, ce médicament (Fortekor 5 mg, substance active : bénazépril, inhibiteur de l'ECA) coûte 18,50 euros les quatorze comprimés. Pour un petit chien qui a besoin d'un comprimé par jour, les frais mensuels atteignent presque 40 euros. Si le propriétaire a accès au générique bien moins coûteux (et dont l'effet est le même), il ne paiera que 10 euros pour quatre-vingt-dix-huit comprimés également dosés à 5 mg de bénazépril. Le coût mensuel n'étant plus que de trois euros environ, il paiera désormais moins d'un dixième du prix initial. Il est vrai que le bénéfice du vétérinaire est bien moindre…

Je ne connais moi-même presque aucun cabinet dépourvu de publicités dès le secrétariat. J'ai un jour pris la peine de consulter sur Internet les sites d'une centaine de cabinets vétérinaires. Chacun ou presque a le sien et propose une visite virtuelle des différents espaces. Au cours de cette recherche, je n'ai trouvé qu'un tout petit nombre de salles d'attente et de réceptions où les croquettes n'étaient pas mises en scène. Certains cabinets ressemblent, quant à eux, à des boutiques de gamelles. Bref, je n'ai pas encore trouvé de vétérinaire de formation académique qui ne vende pas de croquettes de régime dans son cabinet.

Les seules salles d'attente vraiment neutres, dépourvues de tout matraquage publicitaire, sont celles de cabinets pratiquant une médecine « alternative », ce qui pour moi ne signifie pas en opposition à la médecine académique. Mais, Dieu merci, il y a aussi des vétérinaires qui se demandent s'il n'existe pas, en dehors des traitements purement symptomatiques, d'autres méthodes, plus douces, pour venir en aide à leurs patients à quatre pattes. En aucun cas je ne remets en question la médecine académique : face à l'urgence et pour beaucoup de pathologies, elle est indispensable. Mais elle a aussi de gros inconvénients. Face à de nombreux maux chroniques, elle ne dispose malheureusement pas de moyens appropriés. Elle se contente d'un traitement symptomatique qui s'accompagne souvent d'effets secondaires lourds.

Il est frappant de constater que les cabinets pratiquant des méthodes de traitement telles que l'acupuncture, l'homéopathie ou la nutrition appropriée à l'espèce, pour n'en citer que quelques-unes, n'encombrent pas leur salle d'attente de publicités pour les aliments industriels et les produits pharmaceutiques. Les consœurs et confrères, qui suivent une formation continue alternative, se montrent bien plus critiques et s'interrogent bien davantage sur les causes des maladies que les vétérinaires de formation purement académique. Or, qui s'interroge vraiment finit par réaliser de quelle manière le système fonctionne et à quel point le vétérinaire se mue en homme de main de l'industrie. Cela ne concerne pas seulement la nourriture, mais aussi la vente sans se poser de questions de compléments alimentaires, de vermifuges, d'anti-puces, d'anti-tiques, etc. Ces vétérinaires à l'esprit critique ne consentent pas à transformer complaisamment leur cabinet en magasin où se bousculent délégués pharmaceutiques et représentants en croquettes.

Un changement est urgent au sein des cabinets, me semble-t-il, pour le bien des animaux d'abord et non du chiffre d'affaires. Il est préférable que vous évitiez de présenter votre animal malade, qui souffre d'allergies, de troubles du métabolisme ou de pathologies articulaires, dans l'un de ces cabinets marchands. Vous n'y serez pas bien conseillé(e) et vous commencerez une longue errance de plusieurs mois, voire plusieurs années, de cabinet en cabinet travaillant tous de la même façon. Les animaux allergiques en particulier nécessitent souvent une prise en charge de longue haleine et si le vétérinaire n'a rien à proposer en dehors des tests d'allergie, de la cortisone, des piqûres d'antibiotique et des régimes antiallergiques élaborés par l'industrie, vous feriez mieux de faire demi-tour. Vous vous épargnerez beaucoup de peine et d'argent.

La recherche d'un cabinet vétérinaire adéquat demande souvent beaucoup de patience, malheureusement. Mais, Dieu merci, leur nombre augmente parallèlement à la demande croissante de méthodes de soin alternatives exprimée par les propriétaires d'animaux. Ces cabinets abordent la question de la nutrition et l'usage des médicaments d'un œil critique.

Poursuivons maintenant notre visite : vous pénétrez maintenant dans le cabinet proprement dit et posez votre animal sur la table d'examen. De là, vous pouvez collecter de nouvelles impressions. Le vétérinaire pose-t-il des questions précises ? S'enquiert-il des traitements déjà entrepris ? Des médicaments donnés jusque-là ? De ce que mange votre animal ? Ou bien passe-t-il aux actes sans faire de long discours ?

Il vous est souvent difficile de savoir si ce que propose le vétérinaire en matière de diagnostic et de traitement est le mieux pour votre animal et si c'est vraiment nécessaire. Beaucoup de chemins mènent en effet à Rome. Les vétérinaires ont droit eux aussi à leurs libertés individuelles, mais il existe quelques règles de base auxquelles vous pouvez vous en tenir. Tournez les talons dans les situations suivantes :

- le vétérinaire veut immédiatement consulter le carnet de vaccination et vous fait remarquer sur le ton du reproche que votre chien de 10 ans n'a pas eu son dernier rappel annuel ;
- il ne vous écoute pas et vous fait comprendre que, de toute façon, vous n'y connaissez rien ;
- il veut vous convaincre de la nécessité d'utiliser régulièrement vermifuges et anti-puces chimiques ;
- il veut coller des comprimés d'antibiotique pendant dix jours à votre animal pour le moindre petit bobo sans envisager la moindre alternative ;
- il veut vous convaincre de la nécessité d'une vaccination contre la borréliose ;

- il vous donne mauvaise conscience si vous ne faites pas ce qu'il dit et ne propose aucune alternative ;
- il ne connaît, face aux maladies articulaires, aucun traitement possible, en dehors des antalgiques aux nombreux effets secondaires ;
- il veut absolument vous vendre des compléments alimentaires soi-disant indispensables, mais est incapable de vous dire à quoi doit ressembler une alimentation correcte ;
- face à toute affection ne serait-ce que potentielle, il veut vous vendre sans attendre les croquettes correspondantes;
- il vous interrompt sans cesse et ne vous laisse pas finir vos phrases.

Il est préférable que vous évitiez les vétérinaires de cet acabit. Les pires sur lesquels vous puissiez tomber sont ceux que j'appelle les « baratineurs de location ». Ils sont sponsorisés par l'industrie, peu importe qu'elle soit alimentaire ou pharmaceutique, seul compte le business ! Les vétérinaires qui font publiquement l'article pour certains produits sont tous des baratineurs de location dans la mesure où ils sont payés pour dire ce qu'ils disent. Ce sont les pires représentants de notre profession puisqu'ils dévient de ce qui devrait être leur attitude fondamentale, à savoir donner la priorité au bien-être des animaux qui leur sont confiés.

Ceux parmi mes confrères qui, dès votre arrivée dans leur cabinet, font une première estimation en espèces sonnantes et trébuchantes de ce qu'ils vont bien pouvoir vous refiler comme médicaments, diagnostics et traitements ne sont selon moi pas à leur place et devraient se chercher un autre métier. Vous seriez étonné de savoir combien ils sont. Entre eux, les vétérinaires s'expriment en toute franchise et reconnaissent sans ambages leurs pratiques. C'est une « initiée » qui vous le dit.

Même si je peux en donner l'impression, mon intention n'est pas de clouer au pilori l'ensemble de mes confrères. Il y a beaucoup d'exceptions, bien sûr. Ces exceptions vivent elles aussi de leur travail, mais leur prospérité ne repose pas sur les plus gros chiffres de vente possibles de médicaments et de croquettes, mais sur des traitements innovants et individualisés. Leur champ d'action est large et les propriétaires d'animaux savent très bien faire la part des choses et reconnaître quand un conseil juste leur est donné avec honnêteté. Sur la durée, ce mode de pratique se révèle aussi financièrement payant. Et n'est-il pas plus gratifiant de pouvoir se regarder le soir dans la glace en se disant : « J'assume en conscience tout ce que j'ai fait aujourd'hui », plutôt que « Aujourd'hui, j'ai refilé ceci et cela à un tel et une telle qui n'en avait d'ailleurs pas besoin, mais j'ai fait tel chiffre d'affaires. » C'est sans doute une question de nature. Et croyez-moi : il est possible pour un vétérinaire de bien gagner sa vie tout en restant honnête, c'est là à la fois son devoir et son droit.

BIBLIOGRAPHIE

Bericht über den Antibiotikaverbrauch und die Verbreitung von Antibiotikaresistenzen in der Human - und Veterinärmedizin in Deutschland. Bundesamt für Verbraucherschutz und Lebensmittelsicherheit, 1. Auflage Oktober 2008.

Dr. med. vet. Vera Biber : *Allergien beim Hund.* Kosmos Verlag.

Dr. med. vet. Vera Biber : *Hilfe, mein Hund ist unerziehbar.* Verlag Hartmut Becker, 2009.

Dr. med. G. Buchwald : *Impfen – Das Geschäft mit der Angst.* Emuverlag, 2009.

Hans-Ulrich Grimm : *Echt künstlich – Das Dr.* Watson-Handbuch der Lebensmittel-Zusatzstoffe. Verlag Dr. Watson Books, Dezember 2006.

Hans-Ulrich Grimm : *Katzen würden Mäuse kaufen.* Heyne Verlag, 2009.

Christoph Jung : *Schwarzbuch Hund.* Books on Demand, 2009.

Klaus-Dieter Kammerer : *Der Jahrtausendirrtum in der Veterinärmedizin.* Transanimalverlag, 2002.

KONGRESSSPIEGEL – AUSGABE 3/2006 : *Starke Umsätze bei Antiparasitaria.*

JACKY LAW : *Big Pharma – das internationale Geschäft mit der Krankheit.* Patmos Verlag, 2007.

MONIKA PEICHL : *Haustiere impfen mit Verstand.* Norbert Höpfinger Verlag, 2009.

VERA SCHMIDT UND M.CH. HORZINEK : *Krankheiten der Katze – Band 1.* Gustav Fischer Verlag, Jena-Stuttgart 1992.

PAUL U. UNSCHULD : *Der Arzt als Fremdling in der Medizin ?* Verlag Zuckschwerdt, Juni 2005.

DR. MED. VET. FLORIAN ZEUGSWETTER : *Häufiger Patient in der Kleintierpraxis – die hyperthyreote Katze.* Vet Journal 5/2010.

INDEX

DANS LA MÊME COLLECTION

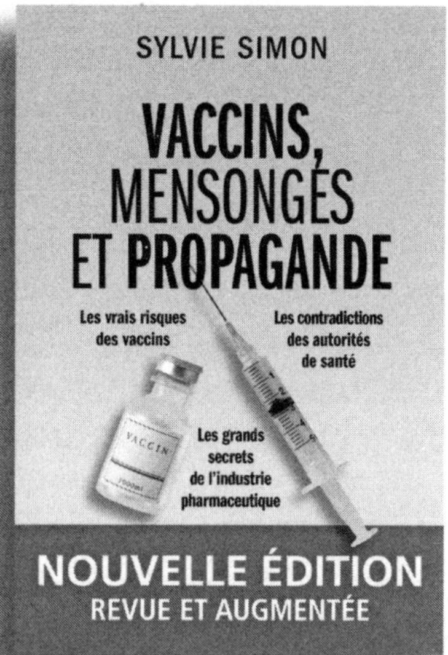

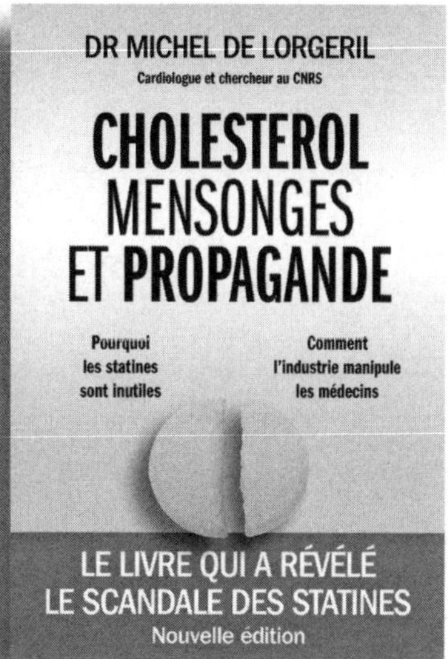

« Passionnant... des révélations à chaque page. » France Inter
THIERRY SOUCCAR
LAIT, MENSONGES ET PROPAGANDE
Préface du Pr Henri Joyeux, cancérologue
La vérité sur vos besoins en calcium
Les 10 maladies que l'industrie laitière vous cache
Le régime sans laitages qui rend vos os solides
NOUVELLE ÉDITION
REVUE ET AUGMENTÉE

THIERRY SOUCCAR
Préface du Pr Claude Béraud
LE MYTHE DE L'OSTÉOPOROSE
Pourquoi les laitages, le dépistage et les médicaments ne marchent pas
Les vrais moyens d'éviter les fractures
THIERRY SOUCCAR ÉDITIONS
Dans la suite de LAIT, MENSONGES ET PROPAGANDE